## 証明技法のまとめ

| 結論 | どのように用いるか |
|---|---|
| $B$ | $A$から前向きに進み，$B$から後ろ向きに進む. |
| NOT $A$ | NOT $B$から前向きに進み，NOT $A$から後ろ向きに進む. |
| 何らかの矛盾 | $A$およびNOT $B$から前向きに進み，矛盾に至る. |
| 望ましい対象の存在 | 対象を推測，構成し，「ある性質」を満たし，「あること」が成り立つことを示す. |
| 「あること」が成り立つ | $A$，および対象が「ある性質」をもつことから前向きに進み，「あること」が成り立つことから後ろ向きに進む. |
| $B$ | $A$を「ある性質」をもつ特定の対象に特殊化して前向きに進む. |

# 証明の読み方・考え方

## 数学的
## 思考過程への
## 手引き

Daniel Solow 著　西村康一・服部久美子 訳

共立出版

How to Read and Do Proofs: An Introduction to Mathematical Thought Processes, 6th Edition
by Daniel Solow



This translation published under license with the original publisher John Wiley & Sons, Inc.
through Japan UNI Agency, Inc., Tokyo

Japanese language edition published by KYORITSU SHUPPAN CO., LTD.

亡き両親であるアナトール A. ソローとルース・ソロー
そして長年にわたる人生の伴侶であるオードリーに捧ぐ

# 目　次

# 学生諸君へのまえがき

大学を卒業してから，私は理論的な数学の勉強がなぜこれほどに難しかったのか不思議に思い始めた．大学院で研究を進めるにつれて，ゲームのもつ多くの側面が数学にあることに気付いた．それは，ルールの一部が秘密にされているゲームである．チェスの基本ルールでもあるすべての駒の動かし方を知る前にチェスのゲームをしようとすることを想像してみれば，こうも多くの学生が抽象数学の学習に悩むことも不思議ではない．

本書では，理論的な数学というゲームをするうえで必要となるいくつかのルールについて述べる．私の経験では，学ぶ意志があり高校数学の知識をもっている人であれば，ほとんど誰でもこれらのルールを学ぶことができる．このルールを学ぶならば，抽象数学を学ぶのに要する時間（およびフラストレーション）をかなり少なくできるであろう．本書がその目的にかなうものであればよいと思う．

チェスをするには，まずそれぞれの駒の動かし方を学ぶ必要がある．意識することなしにこれらのルールに従って駒を動かせるようになってはじめて，チェスの戦術，戦略といったより創造性が求められるゲームの重要な点に集中することができる．数学についても同じことがいえよう．本書に述べられている基本的なルールの学習も，はじめのうちは，それなりの努力が必要である．そのために，本書の記述内容を読み解き，できるだけ多くの練習問題を解くこと（実際に問題を解く経験に取って代わるものはない）に加えて，ウェブサイト www.wiley.com/college/solow/ にアップロードされている，本書の第1章から第15章の各章についての授業動画を閲覧することもできる．

諸君が目指すべきところは，自分にとって習い性（第二の天性）となるほどに，本書の内容に習熟することである．そうすることにより，数学の創造的な面に意識を集中できるようになるであろう．これらのルールは創造性に取って代わるわけではなく，また，本書により創造性を身につけさせようとしているわけでもない．しかしながら，本書において述べている考え方は，諸君が創造性を発現するうえで必要なツールを与えるものと確信している．これに劣らず重要なことは，これらのツールにより，諸君が他の人々の創造性を理解し，正しく評価できるようになることである．そういう目的で，本書においては，教科書，専門誌掲載論文，およびその他の数学的文献等にみられる“簡潔な”証明の読み解き方を学ぶことに重きを置いている．そのような証明の読み解き方を理解していれば，どのような上級コースの科目でも，履修に必要とされる前提知識さえあれば授業内容を理解できることになる．実際のところ，簡潔な証明の読み解き方を習得することにより，あとは時間と努力を傾注すれば，事実上どのような数学の問題も一人で学ぶことが可能になる．

諸君はまさに数学的思考過程の核心を学ぼうとしている．本書の内容を勉強し，練習問題を解くときには，自分自身の思考過程を意識しなさい．そして，質問を問いかけ，答えを求めなさい．問いかけることなくやり過ごした質問だけが愚かな質問であるということを忘れないでほしい．

オハイオ州クリーブランド
ケース・ウェスタン・リザーブ大学
ウェザーヘッド経営学部
オペレーションズ学科

ダニエル・ソロー

# 先生方へのまえがき

数学のあらゆる分野において，証明をわかりやすく伝えられないことに，学生も教師も悩まされてきている．ついには，学生と教師双方が挫折感を抱く状況に陥り，少なくともある部分は学生が理解できるようにその授業内容を手加減して薄めたり，授業内容の理解が十分でない状況が表面化するのを避けるような試験を課したりするといった結果となる．

抽象数学は大部分の学生には理解できないものであると考える人もあるようだが，私の経験ではそうではなく，理論的な数学を説明するための適切な方法が欠けていたにすぎないと思われる．本書では，証明を理解できるように伝える方法について述べている．それは，教師が教え，学生が理解できる共通の言語である．簡潔に述べると，本書は，ほとんどすべての証明に繰り返して用いられるいろいろな証明技法を分類して特徴を述べ，（学生にわかるように）説明している．

いったん学生がこれらの証明技法を理解すれば，どの証明もこれらの技法がいくつか適用された結果として説明することが可能になる．実際のところ，このように説明していただきたい理由は，証明技法の適用という観点から証明を分析・理解する過程を経験することにより，本書で学んだことが補強され，その理解がさらに深まるからである．

本書の例題において示されているように，証明を構成する証明技法の見地から証明の説明を行うことは難しいことではない．どの例題においても，“簡潔な”証明を示す前に証明の考え方を述べ，そこで展開される証明の方針，思考過程，および適用される個々の技法について説明している．証明をこのようにして教えるには，証明の各段階に入る前に，どの技法をどのような理由から使うのかを示すだけでよい．私が授業において証明を扱うときには，技法の選択と証明の進め方の決定に際して学生からの助言を求めることにより，積極的に学生を授業に参加させるようにしている．そして，よい意見や質問が出ることに驚き，嬉しく思っている．

私の経験では，学生が証明技法に慣れてくると，数学のより重要な問題点に関心が向くようになり，なぜこのような方法で証明したのか，なぜ数学のその部分がそもそも重要であるのかなどと考えるようになる．本書により創造性を学ぶことは意図されているわけではないが，ここで述べている技法を学ぶことにより，こういった創造的な側面への理解に向けてより集中できるようになると信じている．また，本書で述べているアプローチを適用することにより，学生が落ちこぼれることなく，そのあとに学ぶ数学的内容をさらに洗練された高度な水準で学生に教えることが可能になるということもわかっている．

いずれにしても，お伝えしたいメッセージは簡明である．数学的内容に加えて数学的思考過程を教えることによって得られる多くの利点があることを知っていただきたいのである．本書は，抽象数学を学生に理解できるような楽しいものとし，学生と考えを伝え合える方法を先生方に提供することにより，正しい方向への大きな一歩となるよう考案されている．

原著第6版の第1章から第15章の授業動画がウェブサイト www.wiley.com/college/solow/ に公開されているので，授業内容の予習・復習における補助的教材として学生が視聴し，証明の読み方・考え方を学習するうえでの一助となることを期待する．

オハイオ州クリーブランド
ケース・ウェスタン・リザーブ大学
ウェザーヘッド経営学部
オペレーションズ学科

ダニエル・ソロー

# 謝　辞

## 初版の謝辞

傑出した数学者であり教育者であるピーター・ヒルトン氏が本書を数学界に紹介して下さったことに対して深く感謝を申し上げるとともに，ポール・ハルモス氏による時宜を得た理解と支持により本書と教授法の普及が大いに促進されたことにも感謝している．また，ゲール・ヤング氏およびジョージ・ポリヤ氏のご意見を伺うことができたことも幸いであった．

原稿の準備に際しては，トム・バッツ氏から最も多くの建設的なご意見をいただき，草稿における数学的内容の改善に貢献していただいただけではなく，文法的，文体的誤りまでもご指摘いただいた．国語教師をされている同氏のご母堂に感謝すべきであろうかとも思う．チャールズ・ウェルズ氏には，最初の自筆原稿を読んでご意見をいただき，この仕事をさらに進めるよう励ましていただいたことを感謝したい．このほか，アラン・ショーエンフェルド氏，サミュエル・ゴールドバーグ氏，エレン・ステンソン氏ら多くの方々からも，いろいろ示唆していただいた．

このプロジェクトに携わった多くの人々の中で，特に多くの貢献をしてくれたのは私の学生である．本書初版が短期間で出版に至ったのは学生たちの自発的な協力に負うところが多い．殊に，博士課程在籍期間にあっても，プロジェクトの編集的役割を果たしてくれたジョン・デモコには特別な謝意を表したい．テキストのデータ化と練習問題の作成におけるマイケル・ドレイリングとロバート・ウェニグの援助に感謝したい．このプロジェクトには，マイケルは私とほぼ同じ期間にわたって関わってきてくれている．原稿の二回目の書き直し作業のとりまとめ，有益なコメントの追加，そして全般的なプロジェクトのとりまとめに関わってくれたグレッグ・メイデイに感謝の言葉を捧げたい．彼の後任として，ロビン・サイムズがその役割を引き継いだ．

さらに，原稿最終版のコンピュータ上での作成に多くの時間を費やしてくれたラヴィ・クマル，プロフェッショナルで完璧なタイピングをしてくれたベティ・トレイシーとマーサ・ボグナー，技術的編集をしてくれたヴァージニア・ベネイドには感謝の意を伝えたい．また，練習問題の解答の作成においては，1981 年度担当授業クラスの学生に負うところが少なからずあったことを感謝したい．

ワイリー社の数学担当編集者ゲイリー・オステッド氏のご助力により，出版が促進されたことに謝意を表し，また，アラン・タッカー，デヴィド・シンガー，ハワード・アントン，イヴァン・ニーベンの諸教授には，原稿を査読して出版するよう推薦して下さったことに感謝したい．

最後になったが，感謝の気持ちを妻のオードリーに捧げたい．校正を手伝い，新しく増えたこの仕事が終わるまで，辛抱強く協力してくれたことに対して．

ダニエル・ソロー

# 1

# 数学的に真理であるとはどういうことか

数学者たちは，ある種の真理を発見してそれを人々に伝えることをめざしている．**数学**とは数学者の使う言語であり，**証明**とはこの言語を「話せる」人に数学的真理を伝える手段である．この言語の際立った特徴の一つは厳密さである．適切に表されていれば，証明にはあいまいな点はなく，その正しさには疑問の余地はないはずである．しかしながら，教科書や専門誌に見られる証明は，数学という言語に慣れた人に向けて書かれている．したがって，この言語に慣れ親しんでいない人々が証明を読んだり書いたりするためには，新しい言語，新しい考え方を学ばなければならない．そこで数学という言語を学ぶために必要な基本的な文法を本書で説明するが，自由に使えるようになるためには，新しい外国語を習うときと同じように，自分で十分練習することが必要である．

## 1.1　本書の意図

本書では，証明に用いるいろいろな技法を分類し，それぞれの技法の使い方を説明する．証明に向けたこのようなアプローチは，どのような数学の問題にも共通してあてはまる．本書の一つの目的は，読者がどの証明の技法が使われているかを見分けられるようになり，ひいては証明の読み解き方を会得することである．そうすれば，読者は数学のたいていのことを独力で学べるようになると思うが，それだけでも望ましいことである．

本書のもう一つの目的は，すでに知られている数学的真理の証明を読者が自分で考えて，それを人に伝える方法を学ぶことである．証明を考えて伝えるには，独創性や直観や経験にかなり頼ることになる．どの言語でも同じことを何通りにも言い表せるのと同様に，数学でも一つの数学的事実を証明するのにいくつかの異なる方法がある．本書で取り上げた証明の技法は，問題が与えられたとき，証明に取りかかって進めていけるように考案されたものである．したがって，本書では証明の技法が**どのように**使えるかだけでなく，それぞれの技法が**どのような場合に**用いられるか，また**なぜ**そのような場合に有効かということも説明する．考えている問題の形だけから適切な技法を選べることがよくあるので，証明を自分で考える際にどうすればよいか迷って時間を無駄にすることなく，はじめから適切な技法を意識的に選ぶための考え方を身につけることが望ましい．思考過程というものは，自分で意識すればするほど良くなっていくものである．

しかしながら，最終的な目標は，読者が新たに身につけた力と言語を使って，これまで知られていなかった数学的真理を発見して人々に伝えることである．つまり，この最終目標に向けての第一歩が，証明を読んで理解できるようになり，すでに知られている数学的事実の証明を自分で考えられるレベルに達することから始まるのである．これだけでも，数学の世界のいっそう深く豊かな理解ができるようになるであろう．

本書を読むには高校程度の数学の知識があれば十分である．ここに挙げた証明法をすでに知っている上級の学生は，はじめの2章を読んでから第15章のまとめに進み，そのあとで付録にある具体的な証明を読むことにより，個々の数学的題材の中ですべての技法がどのように関わりあっているかを見るとよいだろう．それぞれの技法を扱う第2〜14章の最後に，いつどのように用いるとよいかに関するまとめを入れた．本章の残りの部分では，数学において証明するとはどういうことかを説明する．証明およびさらに高度な数学的思考に関する文献リストを本書の最後に載せた．

## 1.2 証明とは何か

**証明** (proof) とは，数学という言語で表された誰もが納得するような議論により，ある主張が真であることを示すことである．今述べたばかりの文に含まれる用語は，どれも証明とは何かを理解するために重要である．たとえば，数学でいう**主張** (statement)[1] とは，真であるか偽であるかが決められるような文のことである．以下にいくつかの主張の例を挙げよう：

1. 平面内の2本の平行な直線の傾きは等しい．
2. $1 = 0$.
3. 実数 $x \not> 0$ ($x$ は0より大きくない).
4. $\cos t = t$ を満たす角度 $t$ がある．

このうち，1 は常に真，2 は常に偽であり，3 は変数 $x$ の値によって真にも偽にもなる．

[1] 訳注：真か偽かが決められるような文を命題 (proposition) とよぶことが多いが，本書では**真偽が決められる文**を主張とよび，**真であることが証明できる主張**を命題とよんでいる．

4 が真であることはそれほど明らかではない．ときには，いかにも真であるように見える主張が実は偽ということもある．だからこそ証明が必要なのである．主張は，それが真であることの**証明ができてはじめて**真であるといえる．本書でも他書でも，明らかに真としか思えない主張に対する証明をわざわざ書いていることがよくある．それは，容易にその内容・手順を追うことのできる証明の例を示しておけば，読者がそれより難しい主張の証明をするときに役立つであろうとの配慮からである．

証明には伝えようとする相手を納得させるのに十分な詳細を書くべきである．たとえば，上述の 4 番目の主張の証明は，数学の教師を納得させるには図 1.1 だけで十分かもしれないが，高校生に対してはもっと詳しい説明が必要であり，コサインの定義から始めなければならないかもしれない．自分で証明を書くときは，数学が自分と同じレベルの人（たとえば同級生）が納得できる程度に詳しく書くとよい．証明を読んでも理解できないのは，たいていは十分詳しく書かれていないためなので，読者が教科書などの数学の本や論文に見られるような「簡潔な」証明の解読のしかたを会得することも本書の目的の一つである．

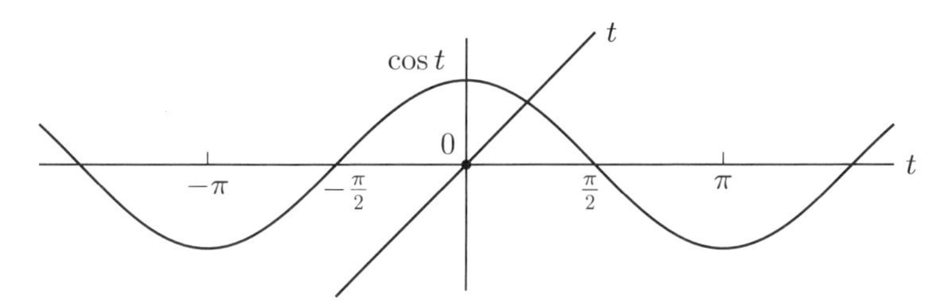


**図 1.1**　$\cos t = t$ を満たす角度 $t$ があることの証明

数学の対象となる基本的な問題は，それぞれに真偽が決められる二つの主張 $A$ と $B$ が与えられたとき，

$A$ が真ならば $B$ も真である

という形の主張が真であることを示すことである．このような形の主張を**条件付き主張** (conditional statement) または**含意** (implication) という．条件付き主張の証明が役に立つのは，$B$ が真であってほしいのだが，それを確かめるのが難しいときである．ここで，対照的に，$A$ が真であることの証明は $B$ が真であることの証明と比べて容易であるとしよう．このとき，条件付き主張「$A$ が真ならば $B$ も真である」が証明できていて，さらに $A$ が実際に真であることが証明できれば，$B$ も真であることがわかる．

「$A$ が真ならば $B$ も真である」という条件付き主張を，簡単に「$A$ ならば $B$ である」とか，さらに略して「$A$ ならば $B$」と表す．数学者は数学的な内容を簡潔に表現するための記号を考え出した．たとえば，この場合，「$A$ ならば $B$」を「$A \Longrightarrow B$」と表す．教科書では概してこの種の記号による表現を用いないが，教室ではよく使われていて読者も知っていると便利なので，本書でも紹介する．ただし証明には使わないことにする．代わりに記号一覧表を巻末につけた．

「$A$ ならば $B$」が三つの異なる主張から構成されていることに注意されたい．主張 $A$ と主張 $B$ と主張「$A$ ならば $B$」である．$A$ を**仮定** (hypothesis)，$B$ を**結論** (conclusion) という．「$A$ ならば $B$」が真であることを証明するためには，この主張が真であるとはどういう意味かを明確にする必要がある．「$A$ ならば $B$」の真偽は，$A$ と $B$ のそれぞれの真偽によって決まる．したがって，次の4通りの場合を考える必要がある：

1. $A$ が真で $B$ も真．
2. $A$ が真で $B$ は偽．
3. $A$ が偽で $B$ は真．
4. $A$ が偽で $B$ も偽．

たとえば，読者の友人が

勉強すれば，良い成績がつく

と言ったとしよう．ここで，$A$ は「勉強する」，$B$ は「良い成績がつく」である．どのような場合に「$A$ ならば $B$ である」という主張が偽であるかを決めるには，読者なら上の4通りのうちどの場合に友人をうそつきと言うかを考えていただきたい．1の場合，つまり，勉強して（$A$ が真），良い成績がついた（$B$ が真）場合には，友人は本当のことを言ったことになる．2の場合は，勉強したのに，友人の言葉に反して良い成績がつかなかったので，友人の言ったことは本当ではなかった．3と4の場合には勉強をしていない（$A$ は偽）．友人は勉強をしたときのことを言っただけなのだから，良い成績がつこうがつくまいがうそつきとはいえない．したがって，表1.1にまとめたように，上の4通りの場合のうち，2の場合以外は「$A$ ならば $B$」という主張は真である[2)]．

表1.1は**真理表** (truth table) とよばれるものの例である．真理表は，複数の主張から構成される主張（この場合，$A$ ならば $B$）において，それに含まれる主張（この場合，$A$ と $B$）のそれぞれが真か偽かのすべての場合を調べることによって，「$A$ ならば

[2)] 訳注：$A$ が偽である場合に「$A$ ならば $B$」を真であると定めることに違和感をもつ読者もいるかもしれない．しかし，上述の「うそつき」のたとえのように，「うそつきとはいえない」場合を真と定めているのである．

**表 1.1**　「$A$ ならば $B$」の真理表
ここで $T$ は真 (true)，$F$ は偽 (false) を表す．

| $A$ | $B$ | $A \Longrightarrow B$ |
|---|---|---|
| $T$ | $T$ | $T$ |
| $T$ | $F$ | $F$ |
| $F$ | $T$ | $T$ |
| $F$ | $F$ | $T$ |

$B$」という主張の真偽を決定する方法である．第 3 章でも真理表の別の例を紹介する．

表 1.1 によれば，「$A$ ならば $B$」が真であることを示すには，$A$ と $B$ の真偽をそれぞれ決めて，それに対応する行に書かれている「$A$ ならば $B$」が真であることを確かめればよい．

たとえば，主張

$$1 < 2 \text{ ならば } 4 < 3$$

の真偽を決めるとしよう．仮定 $A$（ここでは $1 < 2$）が真であること，そして結論 $B$（$4 < 3$）が偽であることは容易にわかる．したがって，表 1.1 の 2 行目（$A$ が真で $B$ が偽に対応する）を参照して，この場合は「$A$ ならば $B$」が偽であると結論できる．

同じように，主張

$$2 < 1 \text{ ならば } 3 < 4$$

は表 1.1 の 3 行目より真だとわかる．$A$（ここでは $2 < 1$）が偽で，$B$（$3 < 4$）は真だからである．

次に，主張

$$x > 2 \text{ ならば } x^2 > 4$$

が真であることを証明するとしよう．この場合，読者は表 1.1 をどう使うか迷うのではないだろうか．$A$（すなわち $x > 2$）も $B$（$x^2 > 4$）も真偽を決められない．真偽は値が未知の変数 $x$ によって決まるからである．それでも次のように考えれば，表 1.1 を使うことができる．

$A$ の真偽はわからないが，少なくとも $A$ は真か偽かのどちらかであることは確かである．とりあえず $A$ が偽であるとしてみよう（$A$ が真の場合はあとで考える)．$A$ が偽ならば，表1.1の3行目と4行目から，いずれの場合も「$A$ ならば $B$」は真であり，これで完了である．したがって，あとは $A$ が真の場合のみ考えればよい．

$A$ が真のときは表1.1の1行目と2行目に対応する．証明したいのは「$A$ ならば $B$」が真であることなので，1行目を用いたい．つまり $B$ が真であることを示せばよい．

このように考えていくと，「$A$ ならば $B$」が真であることを証明するには，**$A$ が真であることは仮定してよく，証明すべきことは $B$ が真**であることだとわかる．

主張「$A$ ならば $B$」を証明することは，$A$ および $B$ 自体が真であることを証明することではなく，$A$ が真であるという仮定から論理的結論として $B$ を示すことである．一般に，$B$ が真であることを証明できるのは，$A$ が真であると仮定したことによるのであるから，どうにかして $A$ と $B$ を結びつける必要がある．そのためには，自分で考えて工夫することが必要になる．本書で紹介する証明技法は，証明をどのように始め，進めていくかについての道筋を示しながら，証明の流れを学べるように考案されたものである．

証明のはじめの一歩は，どれが仮定 $A$ でどれが結論 $B$ かを見分けることである．主張が「…ならば，…である」という形をしていれば見分けるのは容易である．「ならば」より前の部分が仮定で，あとに続く部分が結論である．あいにく主張は必ずしもこのような形をしているとは限らない．そうした場合は，真であると仮定していることすべてが仮定 $A$ であり，証明しようとしていることすべてが結論 $B$ である．ときには，使われている記号の意味を文脈から推測したり，自分で記号を導入したりする必要もあるだろう．次の例を見てみよう．

◆ **例1** 正の整数の最初の $n$ 個の和は $n(n+1)/2$ である．

**仮定** $n$ は正の整数である．(そうでないと主張が意味をもたない．)

**結論** 正の整数の最初の $n$ 個の和は $n(n+1)/2$ である．

◆ **例2** $a \neq 0, b, c$ を実数の定数とする．2次方程式 $ax^2+bx+c=0$ は，$b^2-4ac>0$ のとき相異なる二つの実数解をもつ．

**仮定** $a, b, c$ は実数の定数で，$a \neq 0$, $b^2-4ac>0$.

**結論** 2次方程式 $ax^2+bx+c=0$ は相異なる二つの実数解をもつ．

◆ **例 3**　円の直径の両端で円に接する 2 本の直線は平行である，

**仮定**　$L_1$ および $L_2$ は直径の両端で円に接する 2 本の直線である．

**結論**　$L_1$ と $L_2$ は平行である．

◆ **例 4**　$x = 2^{-x}$ を満たす実数 $x$ が存在する．

**仮定**　なし．すでにもっている数学の知識のみ．

**結論**　$x = 2^{-x}$ を満たす実数 $x$ が存在する．

証明を始める前には，つねに何が仮定 $A$ で何が結論 $B$ かを見分けるよう心がけよう．

## まとめ

証明とは，証明の技法を駆使して主張が真であることを示す，誰もが納得するような議論である．特に，それぞれが真または偽である主張 $A$ と主張 $B$ を含む条件付き主張，つまり，「$A$ ならば $B$」の証明が重要である．それは，表 1.1 によると，何が仮定 $A$ で何が結論 $B$ であるかを見分けたら，$A$ が真であると仮定して，その仮定を用いて，$B$ が真であるという結論を導くことである．

## 練習問題

**問 1.1**　次のうちどれが主張 (statement) か．

(a)　$ax^2 + bx + c = 0$.

(b)　$(-b + \sqrt{b^2 - 4ac})/(2a)$.

(c)　三角形 XYZ は三角形 RST に相似である．

(d)　$3 + n + n^2$.

(e)　$\sin \dfrac{\pi}{2} < \sin \dfrac{\pi}{4}$.

(f)　すべての角 $t$ に対し，$\sin^2 t + \cos^2 t = 1$ である．

**問 1.2**　次のおのおのについて，仮定と結論を示せ．

(a)　直角をなす 2 辺の長さが $x, y$ で，斜辺の長さが $z$ である直角三角形 XYZ の面積が $z^2/4$ ならば，三角形 XYZ は二等辺三角形である．

(b)　$n$ が偶数ならば $n^2$ も偶数である．

(c)　$a, b, c, d, e, f$ が実数で，$ad - bc \neq 0$ ならば，$x, y$ についての連立 1 次方程式

$ax + by = e,\ cx + dy = f$ は解をもつ.

(d) $r$ が実数で，$r^2 = 2$ となるならば，$r$ は無理数である.

(e) $p, q$ が正の実数で，$\sqrt{pq} \neq (p+q)/2$ ならば，$p \neq q$ である.

(f) $x$ が実数のとき，$x(x-1)$ の最小値は $-1/4$ である.

**問 1.3** 「$A$ ならば $B$」が真であることを証明しようとするとき，$B$ が偽であることがわかっているとすれば，$A$ が真であることを示すべきか，あるいは偽であることを示すべきか．これについて説明せよ.

**問 1.4** 表 1.1 を用い，次の命題が真または偽となるための仮定 $A$ と結論 $B$ に対する条件を求めよ．またその理由を述べよ.

(a) $2 > 7$ ならば $1 > 3$.

(b) $2 < 7$ ならば $1 < 3$.

(c) $x = 3$ ならば $1 < 2$.

(d) $x = 3$ ならば $1 > 2$.

**問 1.5** 次の命題の真理表を作れ.

(a) $A$ ならば（$B$ ならば $C$）である.

(b) （$A$ ならば $B$）ならば $C$ である.

# 2

# 前進後退法

本章では，最も基本的な証明法である**前進後退法** (forward-backward method) の説明をする．この技法は他のすべての証明法の中で使われるので，本章の内容には特に重点を置いている．

第1章でも述べたように，「$A$ ならば $B$」を証明するときには，$A$ は真であると仮定して，この情報を $B$ が真であるという結論を導くために何らかの形で使う必要がある．**後退過程** (backward process)[3] は，結論 $B$ に到達しようと試みるときに適用するものであり，**前進過程** (forward process)[4] は，仮定 $A$ に含まれる情報を具体的に利用するときに適用するものである．これらの二つの過程について，次の例を用いて詳しく説明しよう．

**命題1**　直角をなす2辺の長さが $x, y$ で，斜辺の長さが $z$ である直角三角形 XYZ の面積が $z^2/4$ ならば，三角形 XYZ は二等辺三角形である（図 2.1 参照）．

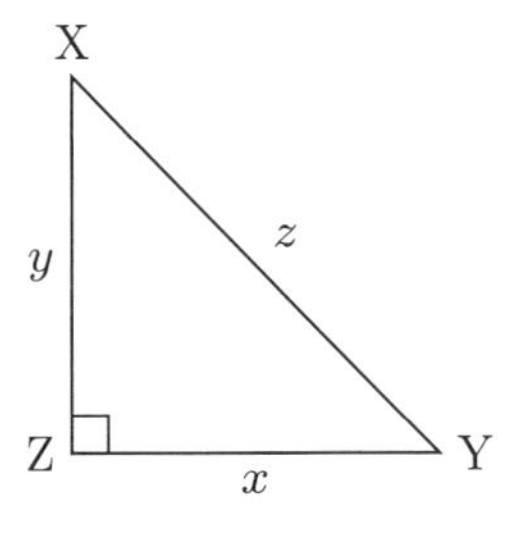


**図 2.1**　直角三角形 XYZ

[3] 訳注：後ろにある結論から，前にある仮定に向かって逆向きに進む方法．
[4] 訳注：仮定から結論に向かって前進する方法．

## 2.1 後退過程

後退過程は「主張 $B$ が真であると結論するにはどうすればよいか？」と自問することから始まる．この問いに自ら答えなければならないのだから，問いをどのような形で表現するかがとりわけ重要である．このとき問いは抽象的に立てなければならない．例として，命題1の結論を見てみよう．

**B**：三角形XYZは二等辺三角形である．

この場合，主張 $B$ に対する正しい抽象的な問いは

「ある三角形が二等辺三角形であることを示すにはどうすればよいか？」

である．特定の三角形XYZが二等辺三角形であることを証明したいのは事実であるが，抽象的な問いを立てることによって，（三角形をABCでなくXYZとよぶというような）本質と関係ない細部をぬぐい去り，三角形に関する一般的な知識を用いて，問題の本質と思われる面に焦点を合わせることができる．主張 $B$ から得られるこのような問いを**抽象質問**[5] とよぶことにする．適切に立てられた抽象質問は，扱っている問題に特有な（数以外の）記号や表記を含んではならない．多くの場合，この段階で抽象質問を正しく設定することが証明に至る鍵となる．

抽象質問を立てたら，後退過程の次の一歩はそれに答えることである．命題1に戻ろう．ある三角形が二等辺三角形であることを示すにはどうすればよいだろうか．もちろん，2辺の長さが等しいことを示すのは一つの方法である．図2.1から，ここで示すべきことは $x = y$ であることがわかる．抽象質問に答えることは二つの段階に分けられる．

### 抽象質問にどう答えるか

1. まず，問題に特有の記号を含まない抽象的な答えを与える．（たとえば，ある三角形が二等辺三角形であることを示すには，2辺の長さが等しいことをいえばよい．）
2. 次に，適切な記号を用いて，その抽象的な答えを特定の問題にあてはめる．（命

---

[5] 訳注：原著第6版のこの箇所は“key question”だが，原著初版では“abstraction question”となっており，その訳語は「抽象質問」であった．具体的な問題の表現を一般的な（より抽象的な）問題表現として書き直し，それについて問いを立てることの重要性を念頭に置きたいので，本書においても，「抽象質問」という用語を引き続き使用することにした．

題1では，2辺の長さが等しいことを示すことは $x = y$ を示すことであり，$x = z$ や $y = z$ を示すことではない.）

抽象質問を立ててそれに抽象的に答え，その答えを特定の場合にあてはめるというこの一連の手続きが，後退過程の一つのステップである.

後退過程により新しい主張 $B1$ が得られる．この $B1$ には，それが真であることをいえば $B$ が真であることが示せるという性質が必要とされる．命題1の場合，新しい主張は

**B1**：$x = y$

である．$x = y$ が証明できれば三角形XYZは二等辺三角形となる.

主張 $B1$ が得られたら，次は $B1$ が真であることを示すことが目標となる．それができれば，$B$ が真であることもわかるからである．ではどうすれば $B1$ が真であるといえるだろうか．どこかで $A$ が真であるという仮定を使う必要がある．この問題を解くために，いますぐ仮定を使いたくなるかもしれないが，ここでは新しい目標 $B1$ に後退過程を再度用いて，もう少し後ろ向きに推論を続けてみることにする．そうすると，後退過程で生じる難点も見えてくる．では，$B1$ からどのような抽象質問が作れるだろうか.

$x$ と $y$ は三角形の2辺の長さだから，まず考えられる抽象質問は「どうすれば三角形の2辺の長さが等しいことを示せるか？」であるが，$x$ も $y$ も実数なので，「どうすれば二つの実数が等しいことを示せるか？」もれっきとした抽象質問である．このように，二つ以上の抽象質問が考えられることが，後退過程における一つの難点である．これらのうちから適切な質問を選ぶことは，理論というよりは独創性が求められる技術の問題である．運がよければ，考えられる抽象質問が一つしかないこともあるが，そうでない場合には試行錯誤をしながら進めていくことになろう．そういうときこそ，読者の直観，ひらめき，独創性，経験，あるいは，図表，グラフなどが重要な役割を果たすのである．抽象質問を選ぶときの一般的な方針は，真であると仮定した $A$ のもつ情報を役立てることである．その方法を引き続きこの三角形の例で示そう.

結局どの質問に決めたとしても，次の一歩はまずその質問に抽象的に答え，その答

えを特定の問題にあてはめることである．上の $B1$ に対する二つの抽象質問の答えはどうなるだろうか．最初の質問については，2辺の対角が等しいことが示せれば，2辺の長さが等しいことがいえる．図2.1の三角形XYZの場合は，角 $X$ が角 $Y$ に等しいことを示せばよい．しかし仮定 $A$ を見たところ，三角形XYZの角についての情報は見当たらない．そこで，もう一つの抽象質問を選ぶことにする．すなわち，

**抽象質問**：「二つの実数（ここでは $x$ と $y$）が等しいことを示すにはどうすればよいか？」

を考えよう．一つの答えは，2数の差が0となることを示すことである．これを特定の主張 $B1$ にあてはめると，$x - y = 0$ を示すことになる．あいにくこの質問の答えは一つではない．「第一の数が第二の数以下で，かつ第二の数が第一の数以下であることを示す」こともれっきとした答えである．$B1$ の場合は，$x \leq y$ かつ $y \leq x$[6] を証明することである．ここで，後退過程の二番目の難点が現れた．それは，抽象質問を適切に選んでも，答えが一つとは限らず，証明の完成に至らない答えを選ぶ恐れさえあることである．たとえば，「ある三角形が二等辺三角形であることを示すにはどうすればよいか？」という抽象質問に対しては，「その三角形が正三角形であることを示せばよい」という答えもありうるが，もちろん，命題1の三角形XYZの場合は一つの角が $90°$ だから正三角形であることを示すことは不可能である．

$B1$ に対する抽象質問「二つの実数（ここでは $x, y$）が等しいことを示すにはどうすればよいか？」に戻り，二つの実数の差が0であることを示すという答えを選んだとして議論を進めよう．再び後退過程によって，$B2$ が真であることを示すことができれば，$B1$ も真になり，したがって，$B$ も真になるような新しい主張 $B2$ を得る．具体的には

**B2**：$x - y = 0$

である．そこで，次に $B2$ が真であるという結論を得ることに全力を傾注する．どこかで $A$ のもつ情報を使う必要があるが，とりあえず新しい主張 $B2$ に対してさらに後退過程を続けてみよう．

**抽象質問**：二つの実数の差が0であることを示すにはどうすればよいか？

---

[6] 訳注：$\leq$ および $\geq$ は，それぞれ $\leqq$ および $\geqq$ と同じ意味である．

少し考えただけでは，この質問に対する適切な答えはなさそうに思えるかもしれない．このように，さらに別の困難が後退過程に現れることがある．つまり，抽象質問の答えがすぐには得られない場合がある．だが，あきらめてはいけない．まだできることがある．「$A$ ならば $B$」を証明する場合，$A$ は真であると仮定していることを思い出そう．このことはまだどこでも使っていないが，今まさにこの事実を使うときであり，ここで仮定 $A$ を使うことにする．

## 2.2　前進過程

前進過程とは，真であると仮定した $A$ から議論を進めて，$A$ が真である結果として真になる別の主張 $A1$ を導き出すことである．$A$ から導く主張 $A1$ を無計画に選んではいけないということを強調しておきたい．それは，後退過程で得られた最後の主張へとつながる方向に向かうものでなければならない．命題 1 の場合，後退過程で得た最後の主張は

**B2**：$x - y = 0$

であった．

命題 1 の場合は主張

**A**：直角をなす 2 辺の長さが $x, y$ で，斜辺の長さが $z$ である直角三角形 XYZ の面積は $z^2/4$ である

が真であると仮定すると，三角形の面積は［底辺］×［高さ］を 2 で割ったもので，この場合 $xy/2$ だから，仮定 $A$ から $xy/2 = z^2/4$ となり，新しい主張

**A1**：$xy/2 = z^2/4$

を得る．また，$A$ から得られる有用な主張である，XYZ が直角三角形ということから，ピタゴラスの定理によって

**A2**：$x^2 + y^2 = z^2$

も得られる．

前進過程では，新しく得た主張を組み合わせて，さらに真である新しい主張を作ることもできる．たとえば，$A1$ の $z^2$ に $A2$ の左辺を代入すると，

**A3**：$xy/2 = (x^2 + y^2)/4$

を得る．

前進過程の一つの難点として，「角 $X$ は $90°$ より小さい」というような，役に立たない主張も導いてしまう可能性がある．新しい主張を得るための具体的な指針はないが，後退過程で最後に得られた $B2$：$x - y = 0$ を導く方向に向かうように考えながら前進過程を進めることを覚えておこう．実際，$A3$ を得るために $A1$ と $A2$ から $z^2$ を消去したのは，$B2$ が $z^2$ を含まないからである．

前進過程を続けて，$A3$ をさらに $B2$ に近くなるように書き換えよう．たとえば，$A3$ の両辺を4倍して，$2xy$ を引くと，

**A4**：$x^2 - 2xy + y^2 = 0$

となり，これを因数分解して，

**A5**：$(x - y)^2 = 0$

を得る．このように，前進過程では，$A4$ や $A5$ を導いたように式を別の形に書き直すことが標準的手順として行われる．命題1の例では，前進過程の（同時に証明全体の）最後のステップとして，$A5$ を得て，ある数（ここでは $x - y$）の2乗が0ならばその数も0であることに気づきさえすれば，まさしく目標の $B2$：$x - y = 0$ を得る．$A$ が真であるという仮定から出発して，これを用いて $B2$ が，したがって $B$ が真であることを導いたので，これで証明が完結する．証明の各段階とその理由をまとめて表2.1に示す．

**表 2.1** 命題1の証明

| 主張 | 理由 |
|---|---|
| $A$：XYZの面積は $z^2/4$ | 与えられている |
| $A1$：$xy/2 = z^2/4$ | 面積＝[底辺]×[高さ]/2 |
| $A2$：$x^2 + y^2 = z^2$ | ピタゴラスの定理 |
| $A3$：$xy/2 = (x^2 + y^2)/4$ | $A1$ に $A2$ を代入 |
| $A4$：$x^2 - 2xy + y^2 = 0$ | $A3$ を式変形 |
| $A5$：$(x - y)^2 = 0$ | $A4$ を因数分解 |
| $B2$：$x - y = 0$ | $A5$ より |
| $B1$：$x = y$ | $B2$ の両辺に $y$ を足す |
| $B$：XYZは二等辺三角形 | $B1$ が真 |

ここで注目すべきは，$B2$ に関する抽象質問「二つの実数の差が 0 であることを示すにはどうすればよいか？」は答えの選択に迷う問いであったが，前進過程から答えが決まったことである．この場合の答えは差の 2 乗が 0 であることを示すことであった (表 2.1 $A5$ 参照)．

## 2.3　証明の読み方

一般に，証明のすべての思考過程を書くことは，時間や労力がいるうえに長くなりすぎるので，実際には行われない．むしろ証明は非常に簡潔に書き，後退過程にはほとんど，あるいはまったく触れないのが普通である．たとえば，命題 1 の簡潔な証明は次のようになる．

**命題 1 の証明**　仮定と直角三角形の面積の公式から，XYZ の面積は $xy/2 = z^2/4$ である．ピタゴラスの定理により，$z^2 = x^2 + y^2$ であるから，$z^2$ に $x^2 + y^2$ を代入して変形すると，$(x - y)^2 = 0$ を得る．したがって，$x = y$ となり，三角形 XYZ は二等辺三角形である．□

この証明で，「仮定と…から」の部分は，証明が前進過程によって進んでいることを示している．証明の終わりを示すのに□などの記号がよく使われる．Q.E.D. と書くこともある．これは，「証明の結論を得た」という意味のラテン語 quod erat demonstrandum の略語である．

簡潔な証明にも，後退過程と前進過程を合わせて用いることがある．たとえば，次の証明を見よう．

**命題 1 の証明**　$x = y$ が成り立つことを示せばよいから，そのために $(x - y)^2 = x^2 - 2xy + y^2 = 0$ を証明する．三角形の面積は $xy/2 = z^2/4$ であるから，$2xy = z^2$．一方，ピタゴラスの定理より，$z^2 = x^2 + y^2$．よって，$x^2 + y^2 = 2xy$ となり，求める式 $x^2 - 2xy + y^2 = 0$ を得る．□

証明は後退過程だけによって述べることもできる．この書き方は多少不自然ではあるが，一度は触れておくのもよいだろう．

**命題1の証明** $x = y$を得ればよいのだから，そのために$(x-y)^2 = x^2-2xy+y^2 = 0$，すなわち$x^2+y^2 = 2xy$を証明しよう．ピタゴラスの定理より$x^2+y^2 = z^2$だから，$2xy = z^2$を示せばよい．これは$xy/2 = z^2/4$と同値であるが，$xy/2$はこの三角形の面積だから，仮定により$z^2/4$と等しい．よって証明完了．□

研究論文の場合には，証明が極端に簡潔にされて，証明の指針程度しか書かれていないことがある．たとえば，

**命題1の証明** 仮定とピタゴラスの定理から，$x^2+y^2 = 2xy$を得る．よって，$(x-y)^2 = 0$．したがって，この三角形は二等辺三角形である．□

「よって」という用語が$(x-y)^2 = 0$となった理由をうまく伏せていることに注意されたい．これは式の変形で得られたのであろうか（そうであるということを私達は知っているが），あるいはそれ以外の方法によるのであろうか．

### なぜ簡潔な証明は読むのが難しいか

上に挙げた証明の例から，簡潔な証明を読むのが難しい理由がわかる．

1. 証明に書かれていることの順は，証明の思考過程の順とは限らない（たとえば，命題1の最初の証明を参照せよ）．
2. どの証明の技法を用いたかはたいてい略される（たとえば，上の簡潔な証明では前進過程も後退過程も抽象質問という用語も現れない）．
3. 証明の複数の段階が一つの文にまとめられることがあるが，その説明はほとんど，あるいはまったくなされていない（命題1の最後の証明がその例である）．

### 簡潔な証明の読み方

読者には，簡潔な証明を読みこなして解釈できる力をつけるよう努めてほしい．そのためには次のようにして証明が行われた思考過程を見出す必要がある．

1. どの証明法が使われたかを見分ける（前進後退法だけが使われているとは限らない）．
2. 証明の各段階で行間を埋めながら検証する．

証明が簡潔であればあるほど，このプロセスは難しくなる．「…を示すのは容易であ

る」,「明らかに…」などとあれば，書かれていない行間を埋めるのにかなりの時間がかかると思ってよい．本書では，すべての簡潔な証明の前に**証明の考え方**の段落を設け，証明の中で使われる技法や論法，それを使う理由などを前もって示しているので，かなり読みやすいと思う．簡潔な証明を読むことについての追加のコメントや練習を，本書全体を通して，そしてさまざまな練習問題で与えることにする．

## まとめ

「$A$ ならば $B$」を証明するための前進後退法をまとめてみよう．まず，真であることを証明したい結論 $B$ から始める．後退過程で抽象質問を立てて，それに答えることによって，新しい主張 $B1$ を作る．$B1$ は，それが真ならば $B$ も真であるという性質をもつものである．次の目標は $B1$ が真であることの証明である．そのために，$B1$ に後退過程を用いて，$B2$ が真ならば $B1$（したがって $B$）も真となるような新しい主張 $B2$ を得る．後退過程の道しるべは，$A$ が真であると仮定したことである．このように続けていって，仮定 $A$ に達する（その場合，証明が完結する）こともあるが，これ以上良い抽象質問が立てられなくなったり，答えが得られず行き詰まったりすることもある．そのときこそ前進過程に移行し，仮定 $A$ から始めて，この仮定から必然的に真であることがわかる一連の主張を導き出していけばよい．この前進過程の目標は，後退過程で最後に得た主張を導くことで，それができれば証明は完結する．

前進過程と後退過程は，結論 $B$ を干し草の山の中にある針にたとえるとイメージしやすいだろう．仮定 $A$ から前に進むのは干し草の外から始めて中の針を探すようなものであるが，後退過程では，逆に針のところから始めて干し草の外にある主張 $A$ へ向かう道を探すことにあたる（図 2.2 参照）．

前進後退法はまた，出発点を $A$，終点を $B$ とする迷路にもたとえられる（図 2.3 参照）．迷路には，迷わせるための横道や行き止まりがいくつもあるので，成功するまで前進過程と後退過程を何度も交互に繰り返さなければならないこともある．

**図 2.2**　干し草の中にある針を探す

一般に，問題を解くときは，まず前進後退法を最初に試すとよい．ただし，あとの章で述べるように，$A$ または $B$ にある種のキーワードが含まれている場合など，他の方法が適している場合もある．いずれにしても前進後退法を用いると $A$ と $B$ のつながりがよくわかってくる．

簡潔な証明を読むためにはその裏にある思考過程を読み取る必要がある．そのためには，どの証明法が使われているかを見抜き，各ステップを行間の詳細を埋めながらチェックしよう．

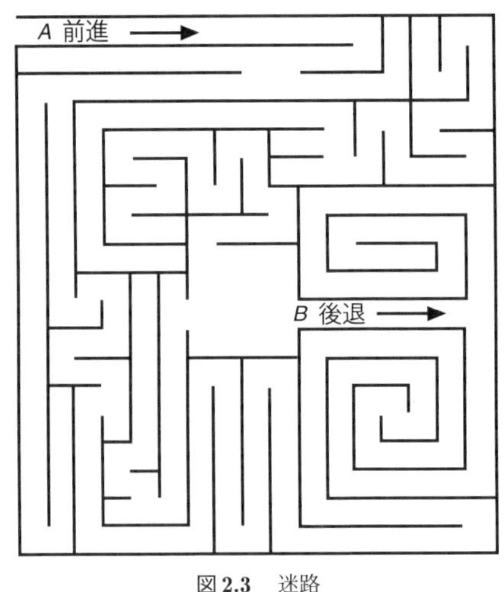


図 2.3　迷路

## 練習問題

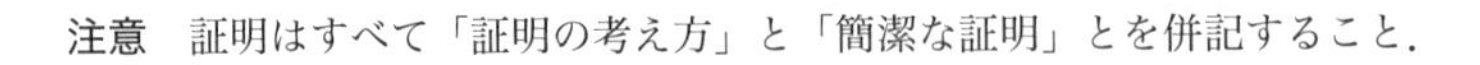

**注意**　証明はすべて「証明の考え方」と「簡潔な証明」とを併記すること．

**問 2.1**　前進過程と後退過程の違いを説明し，それぞれがどのように進められ，それぞれにどのような支障が起こり得るか述べよ．また，この両者の関係はどうであるか．

**問 2.2**　「$x$ が実数のとき $-x^2+2x+1$ の最大値は 2 以上である」を証明したい場合に，以下の (a)〜(d) のうち抽象質問として正しくないものはどれか．また，その理由を述べよ．

(a)　放物線の最大値がある数以上になることを示すにはどうすればよいか．

(b)　ある数が，ある多項式の最大値以下であることを示すにはどうすればよいか．

(c) $f(x) = -x^2 + 2x + 1$ で定義される関数 $f$ の最大値がある数以上になることを示すにはどうすればよいか.

(d) ある数が，ある2次関数の最大値以下であることを示すにはどうすればよいか.

**問 2.3** 以下のように集合 $R, S, T$ が与えられているとする：

$$R = \{\text{実数}\,x \;:\; x^2 - x \leq 0\},$$

$$S = \{\text{実数}\,x \;:\; (x-1)(x-3) \leq 0\},$$

$$T = \{\text{実数}\,x \;:\; x \geq 1\}.$$

「$R$ と $S$ の共通部分[7] は $T$ の部分集合になる」を証明しようとするとき，次のうちでどれが最も適切な抽象質問であるか，その理由を添えて述べよ．また，他のものはどこが正しくないかも述べよ．(集合の記号は第5章参照)

(a) ある集合が他の集合の部分集合となることを示すにはどうすればよいか.

(b) 集合 $R$ と $S$ の共通部分が集合 $T$ の部分集合であることを示すにはどうすればよいか.

(c) 集合 $R$ と $S$ の共通部分に属するすべての要素の値が1以上であることを示すにはどうすればよいか.

(d) 二つの集合の共通部分が，ある別の集合と共通な点をもつことを示すにはどうすればよいか.

**問 2.4** 「平面内の異なる2直線が平行であることを示すにはどうすればよいか？」という抽象質問に対する以下の答えのうち，正しくないものはどれか.

(a) この2直線の傾きが同じであることを示す.

(b) どちらも第三の直線に平行であることを示す.

(c) どちらも同じ平面内の第三の直線に垂直であることを示す.

(d) この2直線は，ある四辺形の相対する辺の上を通ることを示す.

**問 2.5** 「0でない二つの整数が等しいことを示すにはどうすればよいか？」という抽象質問に対する以下の答えのうち，正しくないものはどれか.

(a) 二つの整数の比が1であることを示す.

(b) (1番目の整数) $\leq$ (2番目の整数) および (2番目の整数) $\leq$ (1番目の整数) であることを示す.

(c) それぞれの整数の2乗が等しいことを示す.

(d) 二つの整数の差が0であることを示す.

---

[7] 訳注：二つの集合の共通部分の定義は付録I参照.

**問 2.6** 次の各設問について少なくとも二つ以上の抽象質問を挙げよ．抽象質問は，設問に固有な記号や記法を含まないことに注意せよ．

(a) 円 $C$ の直径 $d$ の両端 $E_1$, $E_2$ における接線をそれぞれ $l_1$, $l_2$ とすると，直線 $l_1$, $l_2$ は平行である．

(b) $f$ と $g$ が多項式であるならば $f+g$ も多項式である．

(c) $n$ が偶数ならば，$n^2$ も偶数である．

(d) $n$ が $-3n^2+2n+8=0$ を満たす整数ならば，$2n^2-3n=2$ である．

**問 2.7** 次の各抽象質問に対し，三つ以上の答えを示せ．

(a) 二つの三角形の合同を示すにはどうすればよいか．

(b) 平面内の異なる2直線が平行であることを示すにはどうすればよいか．

(c) ある四辺形が長方形であることを示すにはどうすればよいか．

**問 2.8** 次の各設問について (1) 抽象質問を作り，(2) それに一般的に答え，(3) その答えをこの設問に適用するとどうなるかを述べよ．

(a) $a$, $b$, $c$ が実数のとき，$a>0$, $b<0$, $b^2-4ac=0$ ならば，方程式 $ax^2+bx+c=0$ のただ一つの解は正の数である．

(b) 下図で，SU が RT の垂直二等分線で，$\overline{\mathrm{RS}}=2\overline{\mathrm{RU}}$ ならば，三角形 RST は正三角形である．

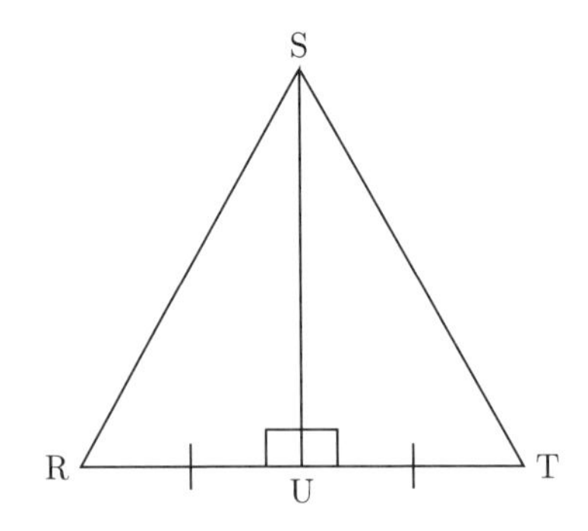


**問 2.9** 次の与えられた仮定に対して，前進過程を一度だけ適用して得られる新しい主張を2個以上導け．

(a) 実数 $x$ が $x^2-3x+2<0$ を満たす．

(b) 図 2.1 の三角形 XYZ の角 $X$ は $\sin X=1/\sqrt{2}$ を満たす．

(c) 円 $C$ は，座標 $(x, y)$ が $(x-3)^2+(y-2)^2=25$ を満たす点全体からなる．

**問 2.10** 「$x$ と $y$ が $x^2+6y^2=25$ と $y^2+x=3$ とを満たす実数ならば，$y=2$ である」を証明するために，仮定に前進過程を適用するとして，次の中から適当でないものを選び，その理由を述べよ．

(a) $y^2=3-x$.

(b) $y^2=25/6-(x/\sqrt{6})^2$.

(c) $(3-y^2)^2+6y^2-25=0$.

(d) $x+5=-6y^2/(x-5)$.

**問 2.11** 「$x$ と $y$ が $x+y=0$ を満たす負でない実数ならば，$x=y=0$ である」の証明において，

(a) 次に示す簡潔な証明に対し，前進過程，後退過程，抽象質問とその答えを明示した「証明の考え方」を記せ．

〔簡潔な証明〕 仮定により，$x \geq 0$ だから，まず $x=0$ を示すために $x \leq 0$ を示そう．仮定 $x+y=0$ から $x=-y$ である．一方，$y \geq 0$ から，$-y \leq 0$ である．よって，$x \leq 0$ である．最後に，$x=0$ と $x+y=0$ から $y=0$ が示された．

(b) 上の簡潔な証明を後退過程だけを用いて書き直せ．

**問 2.12** 二つの文字 s, t だけを用いてできる単語（アルファベットの並び）を考え，それから，次の規則によって新しい単語を次々に作ることを考える（ただし，次の 4 つの規則 (1)〜(4) はどのような順序で用いてもよいとする）．

(1) いまの単語を 2 倍にする（たとえば，sts を stssts とする）．

(2) いまの単語から tt を除く（たとえば，stts は ss となる）．

(3) いまの単語の中の，sss を t で置き換える（たとえば，stsss を stt とする）．

(4) いまの単語が s で終わっているとき，その右に t をつけ加える（たとえば，tss を tsst とする）．

以上 (1)〜(4) の規則により単語を作るとき，以下の (a)〜(c) の問いに答えよ：

(a) ある単語に対して，上記の規則の一つを適用し別の単語を作る 1 回の操作を前進過程とみなすとき，単語 s から始め，前進過程を 3 回続けて適用することで得られるすべての単語を作れ．

(b) 単語 tst に後退過程を 1 回適用せよ．すなわち，上記の規則のどれかを 1 回適用すると tst になるような単語をすべて示せ．

(c) s から始めて tst が得られることを証明せよ．

**問 2.13** 問 2.8(b) を証明せよ．

# 3

# 定義と数学用語について

前章で読者は前進後退法を学び，抽象質問を立ててそれに答えることの重要性を知った．抽象質問に答える方法として，単純だが最も効果的なのは，定義に沿って考えることであり，本章ではこのことを読者に説明する．また，読者は数学という言語で用いる「単語」，すなわち数学用語も学ぶ．

## 3.1 定義

数学における**定義** (definition) とは，それを使うすべての人が合意するような，用語の意味を定める表現である．すでに，第1章にも定義が一つ現れている．そこでは「$A$ ならば $B$」という命題が真であることを定義したが，それは，$A$ が真で $B$ が偽である場合以外はこの命題は真であるとの合意だった．この定義を正しいものとして受け入れなければならない理由はないが，受け入れなければこの概念を用いて議論することはできないことになる．

定義は理由なく作られるわけではなく，繰り返し現れる数学的概念の存在が定義を導入する動機となる．定義は特定の概念を略記するための合意事項とみなすことができる．たとえば，「1またはそれ自身以外の正の整数で割り切れないような1より大きい整数」を，「素数」と略記する（つまりこれで「素数」を定義する）が，この概念が頻繁に現れるとき，確かに，「1または…整数」と言うよりも，「素数」と言う方が簡単である．以下に定義の例をいくつか示そう．

**定義1**　$m = kn$ となる整数 $k$ が定まるとき，整数 $m$ は $n$ で**割り切れる** (divisible)（または整数 $n$ は $m$ を**割り切る** (divide)）といい，$n|m$ と表す．

**定義2**　整数 $p > 1$ が1と $p$ 以外の正の整数で割り切れないとき，$p$ は**素数** (prime number) であるという．

**定義3**　三角形の2辺の長さが等しいとき，その三角形を**二等辺三角形** (isosceles triangle) という．

**定義 4** 二つの実数の順序対 (ordered pair)[8] $(x_1, x_2)$, $(y_1, y_2)$ において，$x_1 = y_1$, $x_2 = y_2$ が成り立つとき，$(x_1, x_2)$ と $(y_1, y_2)$ は**等しい** (equal) という．

**定義 5** 整数 $n$ を 2 で割った余りが 0 になるとき，かつそのときに限り，$n$ は**偶数** (even number) であるという．

**定義 6** 整数 $n$ が，ある整数 $k$ によって $n = 2k + 1$ と表されるとき，かつそのときに限り，$n$ は**奇数** (odd number) であるという．

**定義 7** 実数 $r$ が整数 $p$ と 0 でない整数 $q$ の比 $p/q$ で表されるとき，かつそのときに限り，$r$ は**有理数** (rational number, rational) であるという．

**定義 8** 二つの主張 $A$ と $B$ が**同値** (equivalent) であるとは，「$A$ ならば $B$」と「$B$ ならば $A$」がともに真であるとき，かつそのときに限る．

**定義 9** 主張「$A$ **かつ** $B$」($A$ AND $B$，$A \wedge B$ とも書く）が真であるとは，$A$ と $B$ がともに真のとき，かつそのときに限る．

**定義 10** 主張「$A$ **または** $B$」($A$ OR $B$，$A \vee B$ とも書く）が真であるとは，$A$ と $B$ がともに偽のときを除くすべての場合である．

上の定義のいくつかは「…のとき，かつそのときに限り，…」(if and only if) と表現したが，このことを単に「…のとき，…」(if) と表すことが多い．「集合」や「点」のように，定義しない（無定義の）用語もある．集合をものの集まりとして定義しようとしてもうまくいかない．「もの」という概念はあいまいであり，次には「もの」の定義が必要になるなどと，きりがなくなる．本書ではこうした哲学的問題は扱わないことにする．

### 証明に定義を使う

第 2 章の命題 1 の証明の際に，後退過程で抽象質問に答えるために定義を用いた．最初の抽象質問は「ある三角形が二等辺三角形であることを示すにはどうすればよいか？」であった．定義 3 から，三角形が二等辺三角形であることを示すためには，2 辺の長さが等しいことを示せばよいことがわかる．定義は前進過程においても役に立つ．たとえば，整数 $n$ が奇数ならば，定義 6 から，ある整数 $k$ を用いて $n = 2k + 1$ と表せ

---

[8] 訳注：順序対は二つのものの組で 1 番目にあるか 2 番目にあるかを区別する．たとえば，平面上の座標は順序対であり，$(0, 1)$ と $(1, 0)$ は別のものである．

ることがわかる．証明において，前に進むときも，後ろ向きに進むときも，定義を使うことが多い．

同じ概念に対して二通りの定義ができることもめずらしくない．定義5で導入された偶数の概念を例にとろう．定義の別の選択肢として，「偶数はある整数の2倍として表される整数のことである」も考えられる．もちろん，ある概念に対する定義はただ一つであってほしいが，その定義について複数の選択肢が考えられる場合，どのようにしてそのうちから一つを選ぶとよいだろうか．また，選ばれなかった選択肢との関係はどうだろうか．

定義というのは単なる合意事項であるから，定義として合意できる限りどれを選んでもかまわないのである．そして，いったんどれを定義にするかを決めたら，その定義と他の選択肢とが「同値」であることを証明しておくとよい．偶数の定義についていえば，まず採用した定義5ともう一つの定義を次のように書き下す．

**A**：$n$ は2で割った余りが0になる整数である．

**B**：$n$ はある整数の2倍として表される整数である．

採用した定義がもう一つの選択肢と同値であることを証明するには，「$A$ ならば $B$」および「$B$ ならば $A$」を示す必要がある（定義8参照）．それが証明されれば，$A$ が真（$n$ は2で割った余りが0になる整数）ならば，$B$ も真である（$n$ はある整数の2倍として表される整数）ことがわかり，さらに，$B$ が真ならば，$A$ もまた真であることもわかる．

$A$ と $B$ が同値であるという主張は，「$B$ が真であるとき，かつそのときに限り $A$ は真である」，あるいはもっと簡単に「$B$ のとき，かつそのときに限り $A$」($A$ if and only if $B$) とも表される．数学記号で表すときは「$A$ iff $B$」または「$A \Longleftrightarrow B$」のように書く．$A$ と $B$ が同値であることを証明するには，「$A$ ならば $B$」と「$B$ ならば $A$」を示す必要がある．

ある定義が，それと同じ内容を定める他の選択肢と同値であることを証明しておくと役に立つ．たとえば，証明の中で，「ある整数が偶数であることを示すにはどうすればよいか？」という抽象質問を立てたとしよう．偶数を定める上述の二つの定義が同値だと知っていれば，2種類の答えが直ちに得られる．最初の定義 $A$ から得られる，2で割った余りが0となることを示せばよい，という答えと，同値な定義 $B$ から得られる，ある整数の2倍として表されることを示せばよい，という答えである．同じように，前進過程の場合にも $n$ が偶数だとわかっていれば，定義 $A$ および同値な定義 $B$ の二つの主張が真だといえることになる．抽象質問に対する答えや前進過程における進む方向が二通り以上あることは，命題1の証明の場合のように難点になることもあるが，次の例のように利点にもなりうる．

**命題2** $n$ が偶数ならば，$n^2$ も偶数である．

**証明の考え方** 前進後退法により，「ある整数（ここでは $n^2$）が偶数であることを示すにはどうすればよいか？」という抽象質問が導かれる．これに対する答えとして，偶数についての同値な定義を採用すると，次を示すことになる．

**B1**：$n^2$ はある整数の2倍として表される．

あとは，「ある整数とはどのような整数か？」に答えればよい．その答えは前進過程から得られる．

$n$ は偶数であるから，同値な定義より $n$ はある整数 $k$ の2倍として表される．すなわち，

**A1**：$n = 2k$

である．$A1$ の両辺を2乗して，

**A2**：$n^2 = (2k)^2 = 4k^2 = 2(2k^2)$

を得る．これで，$n^2$ は整数 $2k^2$ の2倍として表されたので，$n^2$ は偶数である．この命題を定義5を用いて証明することもできるが，その方が面倒である．

**命題2の証明** $n$ は偶数だから，$n = 2k$ となるような整数 $k$ がある．したがって，$n^2 = (2k)^2 = 2(2k^2)$ となり，$n^2$ は偶数である．□

前進過程で推論を進めるうえでも，抽象質問に答えるためにも，定義を用いることは一つの定石になっている．定義と同値な主張が多くあればあるほど，前進および後退過程で使える手段が多くなるわけではあるが，多数の同値な主張の中から最も適切な表現を選ぶのに迷うという難点もある．

### 記号の問題

前進後退過程で定義を使うときには，記号の問題が起こりうる．これは，定義では

ある記号の組を使う一方で，考えている特定の問題では別の記号の組を使っているときに起こる．この2組の記号がまったく重なっていなければ，普通混乱は起こらないが，**記号の重複** (overlapping notation) があるとき，つまり同じ記号が異なるものを表すのに使われているときが要注意である．

定義1を例にとって説明しよう．

**定義1**　$m = kn$ となる整数 $k$ が定まるとき，整数 $m$ は $n$ で**割り切れる**といい，$n|m$ と表す．

そして，証明しようとしている定理の結論が

**B**：整数 $q$ は整数 $p$ で割り切れる

であるとしよう．$B$ に対する抽象質問は，「ある整数（ここでは $q$）が別の整数（ここでは $p$）で割り切れることを示すにはどうすればよいか？」である．$B$ の中の記号 $p$ と $q$ は定義の中の記号と重複がないので，定義から次の抽象質問の答えを得るのに支障はないだろう．

**B1**：$q = kp$ となるような整数 $k$ が定まる．

$B1$ は定義1の中の記号を $B$ で使われているものに合わせて書き換えたものである．$B$ の中の $p$ と定義の $n$ が対応し，$q$ と定義の $m$ が対応する．すなわち，$B1$ は定義1の中の $n$ をすべて $p$ に，$m$ をすべて $q$ に置き換えて得られる．

定義を使うときに記号を合わせる操作は，関数の値を求めるときの変数の対応と似ている．たとえば，$f$ を $f(x) = x(x+1)$ で定義される1変数関数としよう．$f(a+b)$ を知りたいときは，$x$ と $a+b$ を対応させる，つまり，$x$ をすべて $a+b$ で置き換えて $f(a+b) = (a+b)(a+b+1)$ を得るのである．

定義を使うとき，記号の問題が深刻になるのは，たとえば，後退過程で最後に得た主張が次のような場合である．

**B2**：整数 $n$ は整数 $k$ で割り切れる．

$B2$ から導かれる抽象質問は，「ある整数（ここでは $n$）が別の整数（ここでは $k$）で割り切れることを示すにはどうすればよいか？」である．この質問に答えるのに定義1を使おうとすると，記号の重複が問題となる．$k$ および $n$ という記号は，$B2$ でも定義1でも使われているが，使われ方が異なる．このように $B2$ と上述の定義1の中の記号に対応をつけることは容易ではないことがわかる．

記号の重複が起こったときには，まず証明すべき命題の中で使われていない記号だけを使って定義を書き換えると間違えずにすむ．そうすれば，定義を証明に用いるとき，記号の対応づけは容易である．先の例でいえば，定義を記号 $a, b, c$ を使って次のように書き直せば，$B2$ との記号の重複はない．

**定義 1**　$b = ca$ となる整数 $c$ が定まるとき，整数 $b$ は整数 $a$ で**割り切れる**といい，$a|b$ と表す．

このように書き換えれば，$B2$ に対する抽象質問「ある整数（ここでは $n$）が別の整数（ここでは $k$）で割り切れることを示すにはどうすればよいか？」に答えることは容易である．記号 $n$ と $b$，$k$ と $a$ を対応させて，

**B3**：$n = ck$ となるような整数 $c$ が定まる

という答えを得る．

読者も慣れてくれば，記号の重複があっても，定義を書き直さずに正しく記号の対応ができるようになるだろう．そうなるまでは，定義を書き直すことをお勧めする．間違いをするとそれが最後まで影響するので，前進過程，後退過程では定義を正しく用いることがとりわけ重要である．

## 3.2　すでにある知識を使う

前進後退法で定義を使えるのと同じように，すでにある知識を，証明されている条件付き主張の形で使うことができる．以下実例で説明しよう．

### 後退過程においてすでに証明されている命題を使う

**命題 3**　直角三角形 RST において，直角をなす 2 辺の長さを $r, s$，斜辺の長さを $t$ とするとき，$t = \sqrt{2rs}$ ならば，三角形 RST は二等辺三角形である（図 3.1 参照）．

**証明の考え方**　前進後退法により，抽象質問「ある三角形（ここでは三角形 RST）が二等辺三角形であることを示すにはどうすればよいか？」が導かれる．定義 3 を使って答えることもできるが，三角形 XYZ が二等辺三角形になることを述べた第 2 章の命題 1 の結論を用いた別の答え方もできる．ことによると，この三角形 RST も，前の三

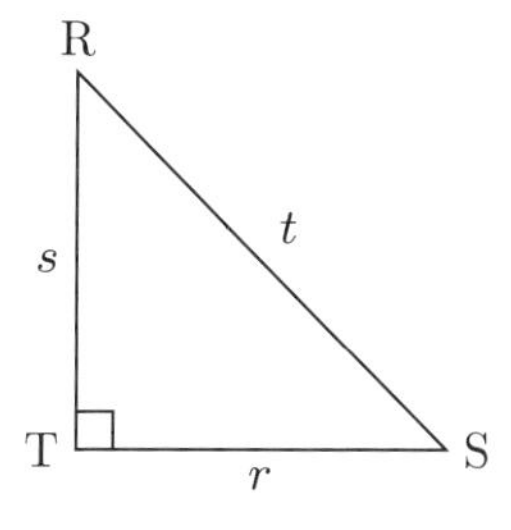


**図 3.1**　直角三角形 RST

角形 XYZ と同じ理由で二等辺三角形になるかもしれない．それを確かめるためには，三角形 RST も三角形 XYZ と同様に，命題 1 の仮定を満たすかどうかを調べる必要がある．もし満たしていれば，三角形 RST についても同じ結論が成り立ち，したがって二等辺三角形になる．

三角形 RST が命題 1 の仮定を満たすことを確かめるためには，定義を適用するときと同様に，まずこの問題の記号と命題 1 の記号との対応を調べる必要がある．命題 1 の辺の長さとこの問題の辺の長さの対応を見ると，$x = r$, $y = s$, $z = t$ であるから，命題 1 の仮定は，この問題では

**B1**：三角形 RST の面積は $t^2/4$

となり，三角形 RST の面積は $rs/2$ だから，

**B2**：$rs/2 = t^2/4$

を示すことになる．

$rs/2 = t^2/4$ となることは，この問題の仮定

**A**：$t = \sqrt{2rs}$

から前進過程によって得られる．実際，この両辺を 2 乗して 4 で割れば，

**A1**：$rs/2 = t^2/4$

を得る．命題 1 の仮定を満たすことを確かめる際に，三角形 RST が直角三角形であることの確認も忘れてはならない．もちろん，この問題の仮定に含まれているから明らかであるが．

仮に，直角をなす 2 辺の長さが $w$ と $x$ で斜辺の長さが $y$ である直角三角形 WXY という記号を使ったとすると，命題 1 との記号の対応がどれだけ煩雑になるか想像して

いただきたい．このような記号の重複は起こりうるので，そのときはすでに証明されている命題の方の記号を書き換えて重複がないようにする．しかし次の簡潔な証明では記号の対応にはまったく触れられていないことに注意しよう．

**命題3の証明** 仮定から$t = \sqrt{2rs}$であるから，$t^2 = 2rs$．よって，$rs/2 = t^2/4$．したがって，直角三角形RSTの面積は$t^2/4$である．これにより，命題1の仮定が満たされたから，その結論も成り立つ．すなわち，三角形RSTは二等辺三角形である．□

この例でみたように「$A$ならば$B$」の証明の後退過程において，すでに証明されている命題を利用するときは，証明されている命題で「$C$ならば$B$」の形の（記号はともかくとして，証明しようとしている命題と結論が同じ）ものを探す．そして

1. 証明しようとしている命題と，証明されている命題の記号を正しく対応づける．
2. 証明されている命題の仮定が成り立つことを確かめる．すなわち「$A$ならば$C$」が真であることを示す．

### 前進過程ですでに証明されている命題を利用する

命題3では，後退過程で抽象質問に答えるために，すでに証明されている命題を用いた．証明されている命題は，前進過程で進むのにも利用できる．たとえば，「$A$ならば$C$」が真であることが証明されていて，「$A$ならば$B$」が真であることを証明したいとしよう．$A$が真という仮定から前向きに推論を進めるとき，「$A$ならば$C$」というすでに証明されている命題を利用すると，$C$は真という前進過程の新しい主張が得られる（第1章の表1.1，5ページ参照）．証明はたとえば次のように書ける，

> 仮定より$A$は真であり，また「$A$ならば$C$」はすでに証明されている．したがって，
>
> **A1**：$C$は真である．

「$A$ならば$B$」が真であることの証明を完成させるには，さらに$C$から推論を進めて$B$が真であることを示す必要がある．むしろ，$C$から$B$を得る見通しがあるときに，証明されている「$A$ならば$C$」が真であることを利用するのである．要するに，「$A$ならば$B$」が真であることを証明するには，「$A$ならば$C$」の形の（すなわち，証明したい命題と仮定が共通する）証明されている命題で，$C$から$B$に前進過程で到達できそうなものを探せばよい．

前進過程ですでに証明されている命題を利用するという技法は，第2章の命題1の証明で用いている．命題1ではXYZは直角三角形と仮定しているので，次の既知の定理が利用できる．

**ピタゴラスの定理** (Pythagorean Theorem)　三角形ABCが直角三角形で，直角をなす2辺の長さが$a, b$で斜辺の長さが$c$ならば，$a^2 + b^2 = c^2$が成り立つ．

記号をそろえると$(a = x,\ b = y,\ c = z)$，この定理は命題1の証明の前進過程で

**A2**： $x^2 + y^2 = z^2$

の形で使える．上述の$A2$のおかげで三角形XYZは二等辺三角形であるという結論に到達でき，命題1の証明が完結する[9]．

一般に，「$A$ならば$B$」を証明するための前進過程で，すでに証明されている命題を利用するときは，「$A$ならば$C$」のような，（記号はともかくとして）仮定が共通する命題を探す．そして，

1. 証明しようとしている命題と，証明されている命題の記号を正しく対応づける．
2. 証明されている命題の結論を，証明しようとしている命題の記号を用いて表して，それを前進過程の新しい主張$C$とする．
3. $C$から前向きに進み，また$B$から後ろ向きに進んで，「$C$ならば$B$」を示すことにより，「$A$ならば$B$」の証明を完結する．

## 3.3 数学用語

数学の証明に関しては，命題，定理，補題，系という四つの用語がよく使われる．**命題** (proposition) とは真である主張で，証明の対象である．命題の中には，（主観的に見て）特に重要なものがあり，それらは**定理** (theorem) とよばれる．定理の中には証明の長いものがあり，そのようなときは証明をいくつかの段階に分けた方が扱いやすい．たとえば，「$A$ならば$B$」を証明するのに，まず「$A$ならば$C$」を，次に「$C$ならば$D$」を，最後に「$D$ならば$B$」を示すことがある．この各段階をそれぞれ独立な命

[9] 訳注：以上の証明の流れは，表2.1（14ページ）を参照すると，主張$A$から主張$A5$までの前進過程と，主張$B$から主張$B2$に至る後退過程，および主張$A5$から主張$B2$が真であることが示されるので，結果として条件付き主張$A \Longrightarrow B$が証明されたことになるわけである．

題として表すとき，それぞれの命題は**補題** (lemma)[10] とよばれる．つまり，補題とは定理の証明に使われる予備的命題のことである．また，定理が証明されると直ちに他の命題が導かれることがよくある．こうした命題は**系** (corollary) とよばれる．

正式な定義なしで使われている数学的概念があるように，はじめから証明なしで成り立つとみなされる主張もある．こうしたはじめから真であるとみなされる主張は**公理** (axiom) とよばれる．たとえば，「2点間の最短距離はこの2点を通る直線で決められる」は公理である．

主張 $A$ に関連する主張として，その否定を表す NOT $A$（$\neg A$，$\sim A$ とも書く）がある．主張 NOT $A$ が真となるのは，$A$ が偽のときであり，$A$ が偽となるのは，NOT $A$ が真のときである．NOT に関する詳細は第8章を参照されたい．

二つの主張 $A, B$ が与えられたとき，「$A$ ならば $B$」の意味することはすでに学んだ．「$A$ ならば $B$」は次のように表すこともできる．

1. $A$ が真ならばつねに $B$ も真でなければならない．
2. $B$ は $A$ から導かれる．
3. $B$ は $A$ の必要条件である（$A$ が真なら，$B$ は必然的に真である）．
4. $A$ は $B$ の十分条件である（$B$ が真とわかるためには，$A$ が真であれば十分である）．
5. $B$ が真のときに限り $A$ は真である．

「$A$ ならば $B$」に密接に関連する三つの主張があり，**対偶** (contrapositive statement)，**逆** (converse statement)，**裏** (inverse statement) とよばれる．これらを表3.1に示した．

この三つの主張の真偽は，表1.1から決まる．たとえば，対偶「NOT $B$ ならば NOT $A$」は，「ならば」の左の主張（NOT $B$）が真で右の主張（NOT $A$）が偽であるとき

**表 3.1**　「$A$ ならば $B$」に関連する主張

| 主張 | 記号で表した主張 | 名称 |
|---|---|---|
| $B$ ならば $A$ | $B \Longrightarrow A$ | 逆 |
| NOT $A$ ならば NOT $B$ | $\neg A \Longrightarrow \neg B$ | 裏 |
| NOT $B$ ならば NOT $A$ | $\neg B \Longrightarrow \neg A$ | 対偶 |

[10] 訳注：補助定理ともいう．

**表 3.2** 「NOT $B$ ならば NOT $A$」の真理表
ここで $T$ は真 (true)，$F$ は偽 (false) を表す．

| $A$ | $B$ | NOT $B$ | NOT $A$ | $A \Longrightarrow B$ | NOT $B \Longrightarrow$ NOT $A$ |
|---|---|---|---|---|---|
| $T$ | $T$ | $F$ | $F$ | $T$ | $T$ |
| $T$ | $F$ | $T$ | $F$ | $F$ | $F$ |
| $F$ | $T$ | $F$ | $T$ | $T$ | $T$ |
| $F$ | $F$ | $T$ | $T$ | $T$ | $T$ |

以外の場合は，すべて真である．つまり対偶は $B$ が偽で $A$ が真であるとき以外のすべての場合に真であり，これは「$A$ ならば $B$」が真である場合と完全に一致する（表 3.2 参照）．すなわち，主張「$A$ ならば $B$」は対偶の主張「NOT $B$ ならば NOT $A$」と論理的に同値である．

表 3.2 によると，主張「NOT $B$ ならば NOT $A$」が真である条件は「$A$ ならば $B$」の条件と一致する．すなわち，$A$ が真で $B$ が偽の場合を除くすべての場合に真である．命題とその対偶が論理的に同値であるという両者の関係性により，第 10 章で述べる対偶法という新しい証明技法が導かれる．練習問題では裏と逆に対して表 3.2 に対応する表を作る．

## まとめ

本章では，前進後退法で，定義およびすでに証明されている命題をどう使うかを学んだ．定義は後退過程では抽象質問に答えるために使えて，前進過程では新しい主張を導くために使える．定義を使うときは，証明しようとしている命題と，定義の記号を正しく対応させることが重要である．同じ記号が異なる二つの対象に対して使われている場合は，定義の方を記号が重ならないように書き直す必要がある．

「$A$ ならば $B$」を証明するための後退過程において，すでに証明されている命題を利用しようとするときは，まず証明されている命題で「$C$ ならば $B$」の形の（記号はともかく，証明しようとしている命題と結論が共通した）ものを探す．そして，

1. 証明しようとしている命題と，証明されている命題の記号を正しく対応づける．
2. 証明されている命題の仮定が成り立つことを確かめる．すなわち「$A$ ならば $C$」が真であることを示す．

それに対して，「$A$ ならば $B$」を証明するための前進過程で，すでに証明されている命題を利用しようとするときは，「$A$ ならば $C$」の形の（記号はともかく，仮定が共通

の）命題を探す．そして，

1. 証明しようとしている命題と，証明されている命題の記号を正しく対応づける．
2. 証明されている命題の結論を，証明しようとしている命題の記号を用いて表す．それが，前進過程の新しい主張 $C$ になる．
3. $C$ から前向きに進み，また $B$ から後ろ向きに進んで，「$C$ ならば $B$」を示すことにより，「$A$ ならば $B$」の証明を完成する．

本章では，公理，命題，定理，補題，系などの数学の用語も学んだ．公理は証明なしで真であると認める主張で，命題は証明の対象となる真である主張で，定理は特に重要な命題，補題は定理の証明に使うための予備的命題，系は定理から容易に得られる命題である．

以降の章で，命題，定理，系，補題を証明するための技法を学ぶことになる．

## 練習問題 

注意　証明はすべて「証明の考え方」と「簡潔な証明」とを併記すること．

**問 3.1**　次の各設問 (a)〜(e) に対して，結論を導きうる抽象質問を作れ．さらに，得られた各抽象質問に対して，(1) 定義を用いることで，一般的な答えを与え，(2) 各設問に対して一般的な答えを適用することで得られる具体的な答えを示せ．

(a)　$n$ が奇数ならば，$n^2$ も奇数である．

(b)　$s$ と $t$ が有理数で $t \neq 0$ ならば，$s/t$ も有理数である．

(c)　$a, b, c, d, e, f$ は実数で，$ad - bc \neq 0$ とする．ここで，二つの実数の順序対 $(x_1, y_1), (x_2, y_2)$ が

$$ax_1 + by_1 = e, \quad cx_1 + dy_1 = f,$$

$$ax_2 + by_2 = e, \quad cx_2 + cy_2 = f$$

を満たすならば，実数の順序対 $(x_1, y_1)$ と $(x_2, y_2)$ は等しいことを示せ．

(d)　$n$ が2以上の整数で $2^n - 1$ が素数ならば，$n$ は素数であることを示せ．

(e)　$n - 1, n, n + 1$ が3個の続いた整数であるならば，それらの3乗の和は9で割り切れることを示せ．

**問 3.2** 次の各主張 (a)〜(d) の仮定に対して，定義を用いて前進過程の一段階を実行せよ.

(a) $n$ が奇数ならば，$n^2$ も奇数である.

(b) $s$ と $t$ が有理数で $t \neq 0$ ならば，$s/t$ も有理数である.

(c) 図 2.1（9 ページ）の直角三角形 XYZ において，$\sin X = \cos X$ ならば，三角形 XYZ は二等辺三角形である.

(d) $a, b, c$ が 0 でない整数で $a|b$, $b|c$ ならば，$a|c$ である（定義 1 参照).

**問 3.3** 次のそれぞれの主張の真理表を作れ.

(a)「$A$ ならば $B$」($A \Longrightarrow B$）とその逆.

(b)「$A$ ならば $B$」の裏.

（設問 (a) と (b) の関係を考えよ.）

(c) $A$ または $B$（あるいは，$A \vee B$).

(d) $A$ かつ $B$（あるいは，$A \wedge B$).

(e) $A$ かつ NOT $B$（あるいは，$A \wedge (\neg B)$).

(f) NOT $A$ または $B$（あるいは，$(\neg A) \vee B)$).

((f) と「$A$ ならば $B$」との関係を考えよ.）

**問 3.4** 次のそれぞれの主張について，逆，裏，対偶を作れ.

(a) 整数 $n$ について，$n^2$ が偶数ならば，$n$ は偶数である.

(b) 実数 $r$ について，$r^2 = 2$ ならば，$r$ は有理数ではない.

(c) 四角形 ABCD が直角をもつ平行四辺形ならば，四角形 ABCD は長方形である.

**問 3.5**「$A$ ならば $B$」かつ「$B$ ならば $C$」ならば，「$A$ ならば $C$」となることを証明せよ.

**問 3.6**「$A$ ならば $B$」,「$B$ ならば $C$」かつ「$C$ ならば $A$」ならば，問 3.5 の結果を用いて，$A$ は $B$ にも $C$ にも同値となることを証明せよ.

**問 3.7** $n$ が奇数ならば $n^2$ も奇数となることを証明せよ.

**問 3.8** 直角をなす 2 辺の長さが $u, v$, 斜辺の長さが $w$ の直角三角形 UVW において，$\sin U = \sqrt{u/2v}$ という性質が満たされているとき，二等辺三角形の定義を用いて，三角形 UVW は二等辺三角形となることを証明せよ.（ヒント：図 3.1 の直角三角形 RST に対応する直角三角形 UVW を描くとよい.）

**問 3.9** 直角をなす 2 辺の長さが $u, v$, 斜辺の長さが $w$ の直角三角形 UVW において，$\sin U = \sqrt{u/2v}$ という性質が満たされているとき，命題 1（第 2 章，9 ページ）の仮定が成り立つことを示して，三角形 UVW は二等辺三角形となることを証明せよ.（ヒント：前問同様に，図 2.1 の直角三角形 XYZ に対応する直角三角形 UVW を描くとよい.）

# 4

# 量化詞 1：構成法

第3章では，抽象質問に答えるとき，および推論を前向きに進めるときに，定義がよく用いられることを学んだ．以降の四つの章では，$A$ または $B$ が特殊な形をしているときに役立つ技法をいくつか紹介する．

数学のあらゆる分野において，二つの特殊な形の主張が繰り返し現れるが，これらはキーワードによって容易に識別できる．一つは「…が存在する」(there is, there are, there exists など)，もう一つは「すべての…に対して」(「どの…に対しても」，「任意の…に対して」も同じ) (for all, for each, for every, for any) である．これらの表現はまとめて**量化詞** (quantifier)[11] とよばれ，これらを含む命題に対してそれぞれ独自の証明技法がある．本章では，**存在量化詞** (existential quantifier)「…が存在する」(以下，簡単に「存在する」と書く) と，それを結論に含む命題に対する証明技法である構成法について述べる．**全称量化詞** (universal quantifier)「すべての…に対して」およびそれに対する技法は次章で扱う．

## 4.1 量化詞「存在する」の扱い方

量化詞「存在する」が多くの数学の主張の中に現れることは言うまでもない．定義7では，有理数を分母が0でない二つの整数の比で表される実数として定義したが，「存在する」という量化詞を使って，次のように表すこともできる．

**定義 7**　実数 $r$ が**有理数**であるとは，$r = p/q,\ q \neq 0$ となる整数 $p, q$ が存在することである．

偶数の同値な定義[12]「ある整数の2倍として表される整数」についても，量化詞を使って表すと次のように表せる．

**定義 5**　整数 $n$ が**偶数**であるとは，$n = 2k$ となるような整数 $k$ が存在することである．

---

[11] 訳注：量化子，量化記号ともいう．

[12] 訳注：最初に採用した定義と同値であることが証明された選択肢のこと．

こうした主張を書くときには，存在量化詞を確実に入れるように注意しよう．たとえば，整数 $n$ が偶数のとき，$n = 2k$ とだけ書かないようにしたい．その理由は $k$ が何であるのか定義されていないからである．存在量化詞を使って次のように完全な主張の形で書くようにしよう：

**A1**：$n = 2k$ となるような整数 $k$ が存在する．

次の定義からもわかるように，「存在する」という量化詞は，そのようなものが二つ以上あってもよいことに注意しよう．

**定義11**　整数 $n$ に対し $n = k^2$ となるような整数 $k$ が存在するとき，かつそのときに限り $n$ は**平方数** (square) であるという．

0でない整数 $n$（たとえば $n = 9$）が平方数ならば，$n = k^2$ を満たす整数は二つ（この場合，$k = 3$ と $-3$）存在することに注意しよう．一意性（条件を満たすものが一つしか存在しないこと）の問題は第11章で扱う．

存在量化詞が使われる例はほかにも多くあるが，上の例からわかるように，それらはいずれも共通した基本構造をもっている．すなわち「存在する」という量化詞が含まれるとき，主張はつねに，

**ある性質**をもつ**対象**で，**あることが成り立つ**ようなものが存在する

または

**ある性質**をもつ**対象**が存在して，それについて**あることが成り立つ**[13)]

という**標準形** (standard form) になっている．**ある性質**，**対象**，**成り立つこと**，によって表される内容はそれぞれの主張ごとに異なるので，これらの三つの要素を読み取り，どれにあたるか判別して，書き表すことができるようになろう．次の例を見てみよう．

1. $2x + 3y = 8, 5x - y = 3$ を満たす実数 $x, y$ で，ともに正であるものが存在する．
   対象：実数 $x, y$.
   性質：$x > 0,\ y > 0$.
   成り立つこと：$2x + 3y = 8, 5x - y = 3$.

対象を見分けたら，その**種類**を明記しよう．種類とは，たとえば，整数，実数，関

13) 訳注：標準形の二番目の表現は日常語としてはやや不自然ではあるが，数学ではよく使われる．特に，「あることが成り立つ」部分が長い場合はこの方が好まれる．第7, 8章では二番目の表現を用いる．

数，集合の要素などである．その重要性は，次の主張の真偽を考えると理解できるであろう．

**A**：$x^2 = 2$ となるような $x > 0$ が存在する．

この主張 $A$ において，対象は数 $x$ である．$x$ が実数ならば $A$ は真であるが，整数ならば $A$ は偽である．このように，対象の種類を明記することは重要である．

数学者は「存在する」と書く代わりによく「∃」という記号を用い，また「…となるような」(「…が成り立つような」) の代わりに「s.t.」と書くことがある[14]．これらの記号は次の例のように使われる．

2. ∃ 角 $t$ s.t. $\cos t = t$.
   対象：角 $t$ (実数).
   性質：なし（このように，ない場合もある).
   成り立つこと：$\cos t = t$.

## 4.2 構成法の使い方

「$A$ ならば $B$」が真であることを証明するとき，前進過程で，次のような量化詞「存在する」を含む標準形の主張を得たとしよう．

**A**：**ある性質**をもつ**対象**で，**あることが成り立つ**ようなものが存在する．

このとき，そのような対象（これを $X$ としよう）が存在すると仮定してよい．この $X$ が「ある性質」をもち「あることが成り立つ」ことは，$B$ が真であるという結論に達するために使えるはずである．こうした対象の存在を前進過程で用いるのはごく自然なことなので，技法として特別な名前はついていない．

それに対して，後退過程の途中で「存在する」という量化詞に出会ったら，次のことを示す必要がある．

**B**：**ある性質**をもつ**対象**で，**あることが成り立つ**ようなものが存在する．

これを示す一つの方法として**構成法** (construction method) がある．その方針は，求

[14] 訳注：原文では「…となるような (such that)」を表すのに記号「∋」を用いているが，この記号は such that の意味では日本ではあまり使われないので，初版訳本にならい「s.t.」とした．

める対象を具体的に構成すること（推測し，候補を作り，あるいは作るためのアルゴリズムを与えるなど）である．このように構成された対象が前進過程の新しい主張になる．しかし，対象の構成だけでは証明にはならない．構成された対象が求めるものであること，つまり，「ある性質」をもち，「あることが成り立つ」ことを示してはじめて構成法は完結する．それが，後退過程で証明すべき新しい主張となる．

求める対象を実際どのように構成したらよいかは明らかではない．あるときは試行錯誤に頼らなければならないし，またあるときは求めるものを構成するためのアルゴリズムを定めることになる．求める対象の作り方は問題ごとに異なる．対象の構成については決まった方法はないが，方針として次の二つが挙げられる：

1. 対象を構成するには，仮定に含まれる情報を利用する．後退過程で量化詞「存在する」が現れたら，前進過程に転じて求める対象を構成する．
2. 対象が構成できるかどうかを見るには対象に満たしてほしい性質を手掛かりにする．

実はすでに命題2の証明で構成法をそれとなく使ったが，使い方が明確にわかるように別の例を示そう．

**命題4**　$a, b, c, d, e, f$ が実数で，$ad - bc \neq 0$ ならば，連立1次方程式 $ax + by = e$，$cx + dy = f$ は実数 $x, y$ について解ける．

**証明の考え方**　後退過程を始めるにあたって，結論 $B$ は，「存在する」という量化詞そのものを明示的に含んではいないが，本章で扱ってきた標準形で表せることに気づいていただきたい．実際，$B$ を以下のように量化詞を含む形に書き直すことができる：

**B**：実数 $x$ および $y$ で，$ax + by = e$，$cx + dy = f$ を満たすものが存在する．

このように，主張の中に量化詞が**隠れている**ことがよくあるので注意されたい．

構成法の最初のステップは，「対象」，「ある性質」，「成り立つこと」を判別することである．この場合は，

対象：実数 $x$ および $y$.
性質：なし.
成り立つこと：$ax + by = e$，$cx + dy = f$.

次のステップはこのような実数 $x, y$ の構成である．ここで，前進過程に転じよう．

もし読者が，解は $x=(de-bf)/(ad-bc)$，$y=(af-ce)/(ad-bc)$ であると「推測」できる力をもっていれば，それは非常な幸運というものである．(ちなみに，上の解 $x,y$ を推測する段階で，分母が 0 にならないために仮定 $ad-bc\neq 0$ が使われている．) しかし，対象を構成するだけでは証明は完成しない．上で構成した $x,y$ の値が，「ある性質」をもち「あることが成り立つ」こと (ここでは，$ax+by=e$，$cx+dy=f$ を満たすこと) を検証しなければならない．証明では次のように書くとよい．

$ad-bc\neq 0$ なので，

**A1**： $x=(de-bf)/(ad-bc)$，$y=(af-ce)/(ad-bc)$

を構成する．そしてこの $x$, $y$ が次を満たすことを示す．

**B1**： $ax+by=e$，$cx+dy=f$

あとは，$A1$ から前向きに進んで，$B1$ が成り立つことを示せばよい．ただ代入して計算するだけなので，この部分は省略する．

この「推測と検証」によって条件を満たす $x,y$ の存在を示す方法には何の問題もないのだが，これらの具体的な値をどのようにして得たかは明らかにされていない．構成法による証明を書くときは，どのようにして構成したかを説明すると証明の読者に対して親切である．たとえば，上の $x,y$ の値は次の連立方程式から，後ろ向きに進むと得られる．

$$ax+by=e \tag{4.1}$$

$$cx+dy=f \tag{4.2}$$

(4.1) の $d$ 倍から (4.2) の $b$ 倍を引くと

$$(ad-bc)x=de-bf \tag{4.3}$$

を得る．ここで仮定 $A$ より $ad-bc$ は 0 ではないので，これで (4.3) の両辺を割って

$$x=(de-bf)/(ad-bc)$$

を得る．同様にして $y=(af-ce)/(ad-bc)$ を得る．一般に，構成したいものはそれが満たすべき性質を手掛かりに構成するとよい．

ここでは，求める対象をどのようにして構成するかを実践してみせたが，構成しただけでは証明にならない．これらの $x$ と $y$ の値が $ax+by=e$，$cx+dy=f$ となることを示す必要がある．

**命題4の証明** 方程式 $ax+by=e$ を $d$ 倍したものから，$cx+dy=f$ を $b$ 倍をしたものを引くと $(ad-bc)x=de-bf$ となる．仮定により $ad-bc\neq 0$ であるから，これで割って $x=(de-bf)/(ad-bc)$ を得る．同様にして，$y=(af-ce)/(ad-bc)$ を得る．これらの $x,y$ の値に対して，$ax+by=e$，$cx+dy=f$ が成り立つことは容易に確かめられる．□

上の簡潔な証明では，構成したものが望ましい性質を満たすことの検証の部分を省略しているが，読者には，そうした細部も書くことを勧めたい．省略された証明を読むときは，読者が自分で行間を埋める必要がある．

## 4.3 証明の読み方

構成法を用いた証明を読み解く方法を，以下の命題を例として示そう．

**命題5** $m<n$ が隣り合う整数で，$m$ が偶数ならば，$m^2+n^2-1$ は4で割り切れる．

**命題5の証明** （後の解説のために，一つの文ごとに改行して行番号をつけている．）

**S1**： $n=m+1$ とする．

**S2**： このとき，$m^2+n^2-1=m^2+(m+1)^2-1=2m(m+1)$ である．

**S3**： $m$ は偶数だから，$m=2k$ となるような整数 $k$ が存在する．

**S4**： $p=k(m+1)$ とおくと，

$$m^2+n^2-1=2m(m+1)=4k(m+1)=4p$$

となり，$m^2+n^2-1$ は4で割り切れる．□

**証明の考え方**

**〈S1の解説〉** $m$ と $n$ が隣り合う整数であるという仮定から前向きに進む．

**〈S2の解説〉** $m^2+n^2-1$ に $S1$ の $n=m+1$ を代入して式変形することにより，前向きに進む．

**〈S3の解説〉** $m$ が偶数という仮定と偶数の定義を用いて，さらに前向きに進む．

**〈S4の解説〉** $S1, S2, S3$ を導いた理由が $S4$ でようやく明らかになる．ここで，結論 $B$ から後ろ向きに進んで，抽象質問「ある整数（ここでは $m^2+n^2-1$）が，他の整数（ここでは4）で割り切れることを示すにはどうすればよいか？」を立てる．その答

えは，定義1より

**B1**： $m^2 + n^2 - 1 = 4p$ を満たす整数 $p$ が存在する

を示すことである．$B1$ の中にキーワード「存在する」があるので，構成法を用いて整数 $p$，すなわち，$p = k(m+1)$ を構成している（$S1$, $S2$, $S3$ はこの準備のためにあった）．構成法の最後のステップとして，$p = k(m+1)$ が $m^2 + n^2 - 1 = 4p$ を満たすことを示して，構成された値が正しいものであることを確かめている．

命題5の簡潔な証明を読むための注意点を挙げよう．

- どの技法が使われたか（ここでは前進後退法，抽象質問とその答え，構成法）は書かれていない．
- $S4$ の中に複数のステップがまとめられている．
- $S1, S2, S3$ は真であっても，これらを使ってどう進むかは明記されていない．証明の一部が何のためにあるのかわからないときは，自分ならどの技法を使って証明するかを考えよう．たとえば，$B$ から後ろ向きに進もうとすると，量化詞「存在する」が現れることに気づくだろう．そこで $S1, S2, S3$ が構成法の一部であることがわかる．

## まとめ

構成法は，後退過程で主張に量化詞「存在する」が次のような標準形で現れるときに使える技法である：

**ある性質**をもつ**対象**で，**あることが成り立つ**ようなものが存在する．

### 構成法利用のステップ

1. 量化詞「存在する」を含む後退過程の主張の中の「対象と種類」，「ある性質」，「成り立つこと」を判別する．
2. 前進過程に転じて，命題の仮定と読者の創造性を用いて望ましい対象を構成する．そのためには，成り立ってほしいことから逆向きに進むとうまくいくことがある．（このようにして構成した対象が前進過程の新しい主張となる．）
3. 構成した対象が実際に「ある性質」をもち「あることが成り立つ」ことを示す．（構成した対象が望ましい性質をもつという主張が，今度は後退過程の新しい主張となる.)

## 練習問題

注意　証明はすべて「証明の考え方」と「簡潔な証明」とを併記すること.

**問4.1**　構成法を用いて，以下の設問 (a), (b) に答えよ：

(a)　$x^2 - 5x/2 + 3/2 = 0$ となる整数 $x$ が存在することを示せ．また，そのような整数はただ一つか.

(b)　$x^2 - 5x/2 + 3/2 = 0$ となる実数 $x$ が存在することを示せ．また，そのような実数はただ一つか.

**問4.2**　$a, b, c$ が整数で，$a|b, b|c$ ならば，$a|c$ となることを証明せよ.
(ここで，$a|b$ は $b$ が $a$ で割り切れることを示す.)

**問4.3**　$s$ と $t$ が有理数で $t \neq 0$ ならば，$s/t$ も有理数であることを証明せよ.

# 5

# 量化詞 2：抽出法

本章では，後退過程で得られる主張が「すべての…に対して」という量化詞を含むときに使える技法を紹介する．このような量化詞は数学のさまざまな分野にごく自然に現れるが，以下で見るように集合論もその一つである．

## 5.1 量化詞「すべての」の扱い方

**集合** (set) とはものの集まりである．たとえば，$1, 4, 7$ という三つの数は，これを三つのものの集まりとみなすと集合である．集合を構成するもの一つ一つをその集合の**要素**あるいは**元**(げん) (element, member) といい，それぞれの要素はその集合に**属する**，または**含まれる**という．集合は，中かっこ内に要素をカンマで区切って並べて表す．たとえば，数 $1, 4, 7$ からなる集合を $\{1, 4, 7\}$ と表す．4 がこの集合に属することを数学記号では $4 \in \{1, 4, 7\}$ と書く．ここで用いた記号「$\in$」は「要素である」ことを表す記号である．同様に，2 が $\{1, 4, 7\}$ の要素ではないことを $2 \notin \{1, 4, 7\}$ と表す．

集合を表すときに，その要素をすべて並べられればわかりやすいであろうが，長くなりすぎると不便である．たとえば，1 から 100,000 までの整数をすべて書き下さなければならないとしたらどうであろうか．まして，0 以上の実数全体の集合のように，要素を無限に含む場合には要素を全部並べたくても不可能である．このような「大きい」集合に対しては，要素に文または数式で説明をつける表し方があり，**構成的表記法** (set-builder notation)[15] とよばれる．

構成的表記法によって，たとえば，0 以上の実数全体の集合 $S$ は次のように表せる[16]．

$$S = \{\, 実数 x \ :\ x \geq 0\}.$$

ここで，記号「:」は「…であるような」(such that) を表し，その右に書かれている

---

[15] 訳注：この用語は初版訳から引き続いて使用している．

[16] 訳注：初版では $S = \{\, 実数 x \mid x \geq 0\}$ のような表記が使われていた．どちらの表記も使われる．

内容をその集合の**定義特性** (defining property) という．「ある特定のもの $y$ がその集合に属しているかどうか判定するにはどうすればよいか？」という問いにはいつでも答えられなければならないが，そのためには，$y$ が集合の定義特性を満たしているか否かを調べればよい．$y$ がそれを満たしていれば集合の要素であり，満たしていなければ要素ではない．上述の集合 $S$ を例にとると，実数3が集合 $S$ に属するか否かを知るには，単に $x$ に3を代入して定義特性が成り立つかを見ればよい．この場合は $3 \geq 0$ なので3は $S$ に属する．

定義特性を「:」の右側だけでなく一部を左側に書くこともある．その場合，集合に属するか否かを判定するときには，左側の定義特性も満たすか否かも必ず確かめよう．たとえば，$T = \{\text{実数}\, x \geq 0 \ :\ x^2 - x + 2 \geq 0\}$ とすると，$-1$ は「:」の右側の定義特性は満たすが，$-1 \geq 0$ は偽だから左側の定義特性は満たさないので $T$ に属さない．

証明法について論ずる観点からは，集合の定義特性は用語の定義と同じ役割を果たす．つまり，抽象質問「あるものがある特定の集合に属することを示すにはどうすればよいか？」に答えるときに定義特性を使うことができて，「定義特性を満たすことを確かめればよい」という答えを得る．

集合といっても，定義特性を満たすものが一つもないこともある．たとえば，

$$\{\text{実数}\, x \geq 0 \ :\ x^2 + 3x + 2 = 0\}.$$

を考えると，$x^2 + 3x + 2 = 0$ を満たす実数は $-1$ と $-2$ のみだが，どちらも「:」の左にある $x \geq 0$ を満たさない．(定義特性を満たす) 要素を一つももたないという意味でこのような集合を**空集合**（くうしゅうごう） (empty set) といい，特別な記号 $\varnothing$ で表す[17]．

量化詞「すべての」(「どの…も」でも同じ) を使うにあたり，下の例が示すように，たいていの集合は

$$S = \{\text{実数}\, x \ :\ x^2 - 3x + 2 \leq 0\},$$

$$T = \{\text{実数}\, x \ :\ 1 \leq x \leq 2\}$$

のように，二通り以上の方法で表されることに注意しよう．ここで，$1 \leq x \leq 2$ は，$1 \leq x$ かつ $x \leq 2$ を意味する．二つの集合 $S$ と $T$ が同じ集合であるためには，$S$ のど

[17] 訳注：空集合を表す記号として $\emptyset$ や $\phi$ も使われる．

の要素も $T$ に属し，また $T$ のどの要素も $S$ に属さなければならない．そこで，量化詞「どの…も」(「すべての」と同じ）を用いて次の定義を導入する．

**定義 12**　集合 $S$ のどの要素 $x$ も $T$ に属するとき，$S$ は $T$ の**部分集合** (subset) であるといい，$S \subseteq T$（あるいは $S \subset T$）と表す．

**定義 13**　二つの集合 $S$ と $T$ が**等しい** (equal) とは，$S$ が $T$ の部分集合で，かつ $T$ が $S$ の部分集合となることである．このとき，$S = T$ と表す．

これらの定義も，これまで扱ってきた定義と同じように，抽象質問に答えるために利用できる．定義 12 から，「ある集合（ここでは $S$）が他の集合（ここでは $T$）の部分集合であることを示すにはどうすればよいか？」という抽象質問に対して，「$S$ のどの要素 $x$ も $T$ の要素であることを示せばよい」という答えを得る．示す方法は 5.2 節で詳しく述べる．定義 13 からは，「二つの集合（ここでは $S$ と $T$）が等しいことを示すにはどうすればよいか？」という問いに対しては，「$S$ が $T$ の部分集合で，かつ $T$ が $S$ の部分集合であることを示せばよい」という答えを得る．

集合に関する問題に限らず，量化詞「すべての」を含む例は多くあるが，上述の例からわかるように，それらの主張はどれも共通の基本構造をもっている．「すべての」(all)（「任意の」(any)，「それぞれの」(each)，「どの…も」(every) と言っても同じ）という量化詞が現れるとき，主張は，

**ある性質**をもつすべての**対象**について，**あることが成り立つ**

という第 4 章で扱ったものと似た**標準形**で表せる． ここで，太字部分の内容は考えている問題ごとに変わるので，これらの三つの要素を読み取り，判別し，書き表すことができるようになる必要がある．あわせて，対象の種類の判別も忘れないようにしよう．以下に例を挙げる．

1. すべての角 $t$ に対して，$\sin^2 t + \cos^2 t = 1$ である．

   対象：角 $t$.

   性質：なし　（このように「なし」の場合もある）.

   成り立つこと：$\sin^2 t + \cos^2 t = 1$.

数学では「すべての…に対して」とか「どの…に対しても」などという代わりに「∀」という記号もよく使われる．その使い方を以下の例で示そう．

2. $\forall$ 実数 $y > 0$, $\exists$ 実数 $x$ 　s.t. $2^x = y$.

対象： 実数 $y$.

性質： $y > 0$.

成り立つこと：∃ 実数 $x$ s.t. $2^x = y$.

ときには，見た目では量化詞「すべての」が主張の表現に現れていないことがある．たとえば，「0より大きく $\pi/4$ より小さい角のコサインは，その角のサインより大きい」は，「$0 < t < \pi/4$ を満たすようなすべての角 $t$ に対して，$\cos t > \sin t$ である」と言い換えることもできる．また，ときには量化詞を「成り立つこと」のあとに書くこともある．たとえば，「$2^n > n^2$ が，$n > 5$ を満たすすべての整数 $n$ に対して成り立つ」のような場合である．主張がどのように表現されていても，それらの主張を自由に読み書きできるようになるためには練習が必要である．標準形の構成要素は文脈の中に埋もれていたり，書き方が適切でなかったり，書かれていないこともあるので注意しよう．

## 5.2 抽出法を用いる

後退過程の途中で量化詞「すべての」を含むような標準形の主張

**B**： **ある性質**をもつすべての**対象**について，**あることが成り立つ**．

に出会ったとしよう．その主張が真であることを示す方法として，まず与えられた性質をもつ対象を次のように列挙する：

「ある性質」をもつ対象

$X_1$

$X_2$

$X_3$

$\vdots$

次に，これらについて，「あることが成り立つ」ことを逐一調べることになろう．列挙する対象が少数の場合にはこの方法でもよいのだが，対象が多い，もしくは無限にあるときは，この方法は使えない．対象を列挙しきれないという問題は，集合の場合にすでに見てきたが，そのときは集合の定義特性によって集合を表すことで解決した．ここでは**抽出法** (choose method) によって，困難を切り抜けることができる．

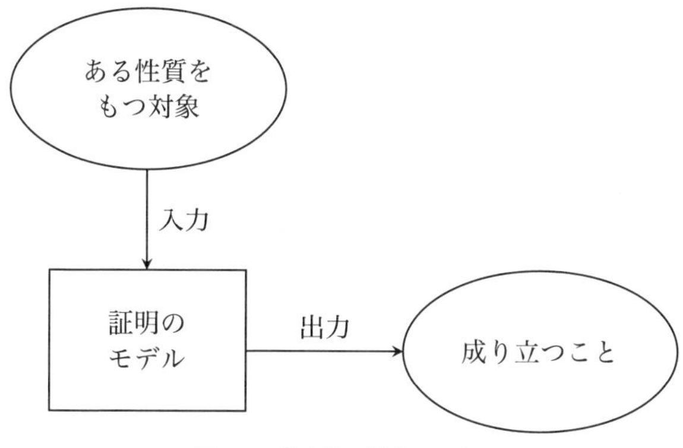


**図 5.1**　抽出法の証明のモデル

上述のリストに戻って，抽出法を説明しよう．列挙したそれぞれの対象が「ある性質」を満たすとする．そして対象 $X_1$ について，「あることが成り立つ」ことが証明できたとしよう．さらに，その証明において $X_1$ をすべて $X_2$ に置き換えると，$X_2$ についても「あることが成り立つ」ことの証明になっているとしよう．その場合は $X_2$ についての証明は別に書かずに，「$X_2$ についても成り立つことは，すべての $X_1$ を $X_2$ で置き換えれば証明できる」と書けばよい．

この方法をリストの残りの対象についても使えるようにしたい．抽出法の目標は，「ある性質」をもつ一般の対象 $X$ について「あることが成り立つ」ということを確立する「証明のモデル」で，リストにある一つ一つの対象に対して理論上何度でも繰り返し使えるようなものを構築することである（図 5.1 参照）．このような「証明のモデル」を作れたとすれば，列挙されたすべての（無限にあるかもしれない）対象について，「あることが成り立つ」ことを確かめる必要がなくなる．なぜならば「証明のモデル」に代入するだけでよいからである．つまり，「あることが成り立つ」ことを「ある性質」をもった対象一つ一つについて証明する代わりに，抽出法は「証明のモデル」によってすべての対象について一括して証明する機能をもつ．それでは，証明のモデルの構成法を説明しよう．

抽出法のしくみを理解するために，証明のモデルは，「ある性質」をもった一般の対象について「あることが成り立つ」ことを証明するものでなければならないことを思い出そう．そうした対象の一つである $X$ が与えられたとする．しかし，それは対象のうちどれであるかはわからないとしよう．わかっていることは，この対象 $X$ が「ある性質」を満たすということだけである．その性質だけを用いてどうにかして $X$ について「あることが成り立つ」という結論に導く必要がある．そのためには，その性質か

ら前向きに推論を進め，成り立つべきことから後ろ向きに進めばよい．抽出法をまとめると，

- 「ある性質」をもつ対象を任意に一つ選ぶ．それが前進過程の新しい主張となる．
- 選んだ対象について，「あることが成り立つ」ことを示す必要がある．これが後退過程の新しい主張となる．

この部分の証明に成功すれば，証明のモデルが構築されたことになる．読者は証明のモデルを繰り返し使うことにより「ある性質」をもつどのような対象についても「あることが成り立つ」ことを証明できる手法を得たことになる．

### 抽出法による証明の例

抽出法の用い方として，たとえばある証明の途中で次のことを示す必要が生じたとしよう．

**B**：$x^2 - 3x + 2 \leq 0$ を満たすすべての実数 $x$ に対して，$1 \leq x \leq 2$ である．

まず最初に，この「すべての」を含む主張の中の「対象とその種類」（実数 $x$），「ある性質」($x^2 - 3x + 2 \leq 0$)，および，「成り立つこと」($1 \leq x \leq 2$) を判別する．抽出法を用いるときは，この性質をもつ実数 $y$ を（任意に）一つ選ぶ．この場合，

**A1**：$y$ を $y^2 - 3y + 2 \leq 0$ を満たす実数とする

と書く．そして，$y^2 - 3y + 2 \leq 0$ から前向きに進んで，$y$ に対して「あることが成り立つ」こと，すなわち

**B1**：$1 \leq y \leq 2$

を示す必要がある．

ここで記号 $y$ を用いたのは，任意に選んだ対象を主張 $B$ の中の一般的な対象 $x$ と区別するためである．$A1$ と $B1$ では，選んだ対象 $y$ について「ある性質」と「成り立つこと」を表しているのであって，一般の対象についてではないことに注意されたい．$A1$ と $B1$ は，$B$ の中の一般の対象 $(x)$ を選んだ対象 $(y)$ で置き換えて得られた．しかし，簡潔な証明では一般の対象も選んだ対象も同じ文字で表すことがよくあるので，記号の意味を正しく理解するよう注意する必要がある．次の命題を例にとろう．

**命題 6** 集合 $S$ と $T$ をそれぞれ以下のように定義する.

$$S = \{\text{実数}\, x \ :\ x^2 - 3x + 2 \leq 0\}$$

$$T = \{\text{実数}\, x \ :\ 1 \leq x \leq 2\}$$

このとき，$S = T$ である.

**証明の考え方** 証明にとりかかる際に，考えている主張の形を見て証明技法を適切に選べるようになろう．この命題には，仮定 $A$ にも結論 $B$ にも（「存在する」,「すべての」のような）キーワードは含まれていない．キーワードがないときは，前進後退法を用いるとよい．すると,「二つの集合（ここでは $S$ と $T$）が等しいことを示すにはどうすればよいか？」という抽象質問に導かれ，定義 13 から，次のことを示せばよいという答えを得る.

**B1**：$S$ は $T$ の部分集合で，かつ $T$ は $S$ の部分集合である.

したがって，まず

**B2**：$S$ は $T$ の部分集合である

ことを示し，そのあとで,

**B3**：$T$ は $S$ の部分集合である

ことを示せばよい.

$S$ が $T$ の部分集合であること $(B2)$ を示すために，抽象質問「ある集合（ここでは $S$）が，ほかの集合（ここでは $T$）の部分集合であることを示すにはどうすればよいか？」を立てる．これに対する答えは定義 12 から得られ，次を示せばよい.

**B4**：すべての $x \in S$ に対して，$x \in T$.

後退過程で得られたこの新しい主張 $B4$ には，量化詞「すべての」が含まれているので，抽出法を用いて進めばよいことがわかる．まず，$B4$ における「対象とその種類」$(x \in S)$,「ある性質」（ここでは，なし)，および「成り立つこと」($x \in T$) を判別する.

$B4$ に対して抽出法を用いるのだから，ここで「ある性質」をもつ対象を一つ選び，この選んだ対象について,「成り立つこと」が実際に成り立つことを示すことになる．この場合,

**A1**： 要素 $x \in S$

を選ぶ．$x \in S$（すなわち，$x$ は $S$ の定義特性を満たすこと）と，仮定 $A$ を用いて，この選んだ対象について $B4$ の結論部分，すなわち，

**B5**： $x \in T$

が成り立つことを示す．ここで，$S$ から選んだ要素は $3/2$ のような具体的なものではないことに注意されたい．さらに，ここでは $B4$ の一般の対象と $A1$ の選んだ対象の双方に同じ記号 $x$ を用いていることにも注意しよう．

$B5$ から後ろ向きに進み，抽象質問「ある要素（ここでは $x$）がある集合（ここでは $T$）に属すことを示すにはどうすればよいか？」を得る．その答えは，$x$ が $T$ の定義特性

**B6**： $1 \leq x \leq 2$

を満たすことを言えばよい．

ここで前進過程に転じよう．命題の仮定 $A$ は真であると仮定したので，$1 \leq x \leq 2$ を示すために $A$ のもつ情報を使うことができる．それだけでなくほかにも情報がある．後退過程で抽出法を用いて $x \in S$ を選んだのであった（$A1$）．ここでこれを用いる．つまり，$x \in S$ なので $S$ の定義特性より次のことがわかる．

**A2**： $x^2 - 3x + 2 \leq 0.$

これより，因数分解によって，

**A3**： $(x-2)(x-1) \leq 0$

を得る．$x-2$ と $x-1$ の積が0以下になるのは，片方が0以下でもう片方が0以上のときだけである．つまり，

**A4**： $x-2 \geq 0$ かつ $x-1 \leq 0$,　または　$x-2 \leq 0$ かつ $x-1 \geq 0$

である．しかし，最初の場合は $x \geq 2$ かつ $x \leq 1$ だから起こりえない．よって，二番目の条件が成り立つはずである．

**A5**： $x-2 \leq 0$ かつ $x-1 \geq 0.$

実は，これは後退過程で最後に得られた主張 $B6$ にほかならない．これで $S$ が $T$ の部

分集合であることが示された．$S=T$ の証明を完結させるには，まだ，$T$ が $S$ の部分集合であること（$B3$）を示すことが残っているが，これは5.3節で扱う．

**命題6の証明**　$S=T$ を示すために，$S\subseteq T$ かつ $T\subseteq S$ を示す．$S\subseteq T$ を示すために $x\in S$ とする．（簡潔な証明の中で「とする」(let) という言葉があればたいてい抽出法を用いている．）このとき，$x^2-3x+2\leq 0$ より，$(x-2)(x-1)\leq 0$ を得る．これは，$x-2\geq 0$ かつ $x-1\leq 0$ であるか，$x-2\leq 0$ かつ $x-1\geq 0$ のどちらかを意味するが，最初の場合はありえない．$x\geq 2$ かつ $x\leq 1$ となるからである．よって，$x\leq 2$ かつ $x\geq 1$ であるはずで，これは $x\in T$ を意味する．$T$ が $S$ の部分集合であることは命題7で証明する．□

最後になるが，抽出法で「ある性質」をもつ対象を選ぼうとするときは，まずそのような対象が少なくとも一つ存在することを確かめることが必要である．存在しないなら選びようがない．例として次の命題の証明を考えよう．

**B**：$x^2+3x+2=0$ を満たすすべての実数 $x\geq 0$ に対して，$x^2\geq 4$ が成り立つ．

抽出法に従えば，実数 $x\geq 0$ で $x^2+3x+2=0$ を満たすものを選ぶのだが，そのような数は存在しない．（なぜならば，方程式を満たす $x$ は，$x=-1$ と $x=-2$ のみであって，どちらも負だからである．）この場合は抽出法は使えないが，そもそも使う必要がない．「ある性質」を満たす対象が存在しないときは，今考えている「すべての」を含む主張は自動的に真になるからである．その理由を説明しよう．抽出法によって，

**S1**：ある性質を満たすすべての対象 $x$ に対して，あることが成立する

ことを証明するには

**A**：「ある性質」をもつ対象 $X$

を任意に一つ選んで，

**B**：$X$ に対して「あることが成り立つ」

ことを示すのであるが，この進め方は，前進後退法で

**S2**：$X$ が「ある性質」を満たす対象ならば，$X$ に対して「あることが成り立つ」

という主張を証明するときの進め方とまったく同じなのである．すなわち，主張 $S2$ が

真であることを前進後退法で示すということは，仮定 $A$ から前に進み，結論 $B$ から後ろ向きに進むことである．要するに $S1$ と $S2$ は同値な主張である．

これで先ほど，自動的に真になる，と言った理由が明らかになる．もし「ある性質」をもつ対象が存在しなければ，$S2$ の仮定は偽なので，表1.1より条件付き主張 $S2$ は真である．$S1$ と $S2$ は同値なので，$S1$ も真である．つまり，$S1$ の形の主張を証明したいときには代わりに $S2$ を証明すればよく，逆に $S2$ を証明したければ $S1$ を証明すればよい．

## 5.3 証明の読み方

本節では，証明を読み解く方法を説明しよう．

**命題7** 集合 $S$ と $T$ をそれぞれ以下のように定義する．

$$S = \{\text{実数}\,x \ : \ x^2 - 3x + 2 \leq 0\}$$

$$T = \{\text{実数}\,x \ : \ 1 \leq x \leq 2\}$$

このとき，$T \subseteq S$ である．

**命題7の証明** （後の解説のために，一つの文ごとに改行して文番号をつけている．）

**S1**：$T \subseteq S$ を示すために，$t \in T$ とする．
**S2**：$t \in S$ を示したい．
**S3**：$t \in T$ なので $1 \leq t \leq 2$ であり，したがって $t - 1 \geq 0$ かつ $t - 2 \leq 0$ である．
**S4**：よって，$t^2 - 3t + 2 = (t-1)(t-2) \leq 0$ であるから，$t \in S$ である．□

**証明の考え方**

**〈S1の解説〉** ここでは結論 $B$ から後ろ向きに進み，抽象質問「ある集合（ここでは $T$）が別の集合（ここでは $S$）の部分集合であることを示すにはどうすればよいか？」を得る．定義12より次を示せばよいことがわかる．

**B1**：すべての要素 $x \in T$ に対して，$x \in S$ である．

ここで，後退過程で得た主張 $B1$ にキーワード「すべての」が含まれていることに気づき，抽出法によって，「ある性質」をもつ対象を任意に一つ選ぶ．このことは，「$t \in T$

とする」という部分に表れている．

**〈S2 の解説〉** 抽出法に従うと，選んだ対象について「あることが成り立つ」ことを示すことが必要である．これはまさに「$t \in S$ を示したい」が意味するところである．

**〈S3 の解説〉** $t \in T$ および $T$ の定義特性を用いて前向きに進む．選んだ対象について，「あることが成り立つ」こと，すなわち，$t \in S$ を示すのであろう．

**〈S4 の解説〉** ここで，実際に $t$ が $S$ の定義特性を満たすことを確かめて $t \in S$ を示す．要するに，抽象質問「ある要素（ここでは $t$）がある集合（ここでは $S$）に属すことを示すにはどうすればよいか？」を立てて，その集合の定義特性を用いてその質問に答えている．$t \in S$ を示すことによって，抽出法による証明が完結する．

命題 7 の簡潔な証明を読むときの注意点を挙げておく．

- 証明でどの技法（前進後退法，抽出法，抽象質問とその答えなど）を用いたかには触れていないが，この場合，「とする」という言葉が抽出法を用いたことを示唆している．
- 証明すべき主張の形が変わるにつれて，用いられる技法も変わる．たとえば，ここでは前進後退法で始めて，後退過程で得られた主張に「すべての」という量化詞が現れたのを見て，抽出法に移行している．
- 複数の証明のステップが一つの文 $S1$ に凝縮されている．

## まとめ

後退過程の最後の主張が（標準形にすると）

**ある性質**をもつすべての**対象**について，**あることが成り立つ**

のように，量化詞「すべての」（またはそれと同じ意味の量化詞）を含むときは，抽出法を使うとよい．
抽出法を用いることは，以下の 4 ステップに従って進み，「ある性質」をもつどの対象についても理論上何度でも繰り返し使えるような「証明のモデル」を作ることである．

1. 量化詞「すべての」を含む主張の中の「対象とその種類」，「ある性質」，「成り立つこと」を判別する．
2. 「ある性質」をもつ対象が少なくとも一つ存在することを確認する．もし存在しなければ，主張は真であり，証明は完結する．

3. 存在する場合は，「ある性質」をもつ対象を任意に一つ選ぶ．（選んだ対象が「ある性質」をもつことを書き下したものが，前進過程の新しい主張となる．）
4. この選んだ対象について「あることが成り立つ」ことを示す．（この目標を後退過程の新しい主張として書き下す．）

ステップ4は前進後退法によって実行される．すなわち，ステップ3で選んだ対象が「ある性質」をもつことから前向きに進み，この対象が「成り立つこと」を満たすことを示す必要性から後ろ向きに進む．そのとき仮定 $A$，またはそれから前進過程によって導かれた主張が真であることを利用できる．

## 練習問題 

注意　証明はすべて「証明の考え方」と「簡潔な証明」とを併記すること．

**問 5.1**　次のそれぞれの定義の「すべての」を含む部分において，「対象」，「ある性質」，「成り立つこと」を記せ．

(a) $f$ を実関数とする．すべての実数 $x$ に対して $f(x) \leq f(x^*)$ となるとき，$x^*$ は $f$ の**最大点**であるという．

(b) $f$ と $g$ を1変数の関数，$S$ を実数の集合とする．すべての $S$ の要素 $x$ に対して $f(x) \geq g(x)$ となるとき，集合 $S$ 上で $f \geq g$ であるという．

(c) $u$ を実数，$S$ をある実数の集合とする．すべての $S$ の要素 $x$ に対して $x \leq u$ となるとき，$u$ は $S$ の**上界**であるという．

(d) $C$ をある実数の集合とする．すべての $C$ の要素 $x, y$ と，$0 \leq t \leq 1$ であるすべての実数 $t$ に対して，$tx + (1-t)y$ が $C$ の要素となるとき，$C$ は**凸集合**であるという．

(e) $f$ を1変数の関数とする．すべての実数 $x, y$ と $0 \leq t \leq 1$ であるすべての実数 $t$ に対して，

$$f(tx + (1-t)y) \leq tf(x) + (1-t)f(y)$$

となるとき，$f$ は**凸関数**であるという．

**問 5.2** 記号∀，∃，s.t. を適切に用いて，次のそれぞれの命題を書き換えよ．

(a) ある山は，ほかのどの山よりも高い．

(b) $t$ を角とすると，$\sin 2t = 2\sin t\cos t$ となる．

(c) 二つの負でない実数 $p, q$ の相乗平均 $\sqrt{pq}$ は，それらの相加平均 $(p+q)/2$ を超えない．

(d) $x, y$ を $x < y$ を満たす実数とすると，$x < r < y$ となる有理数 $r$ が存在する．

**問 5.3** 問 5.1 の (a)〜(e) のそれぞれに対し，そこで定義された概念が結論であるとき（たとえば，(a) についていえば，$x^*$ が $f$ の最大点であることを示したいとき），抽出法がどのように用いられるかを述べよ．

なお，抽出した対象を一般的な対象と区別するために，別の記号を使うこと．たとえば，問 5.1(a) では，$x^*$ が関数 $f$ の最大点であることを示すために，ある実数，たとえば $x'$ を抽出し，これに対して $f(x') \leq f(x^*)$ を示すことになる．

# 6

# 量化詞 3：特殊化

先の二つの章では，結論 $B$ の中に量化詞が現れる場合の証明の進め方について説明した．本章では，仮定 $A$ の中に全称量化詞「すべての」が現れる場合に，それを利用して証明を前向きに進める方法を紹介する．

## 6.1　特殊化の使い方

仮定 $A$ が全称量化詞「すべての」を含み，

**A**：**ある性質**をもつすべての**対象**について，**あることが成り立つ**

という標準形の構造をもつとき，$A$ から前向きに進む一つの典型的な証明技法があり，**特殊化** (specialization) とよばれている．一般的に言って，特殊化による証明法とは，次のような証明法である．$A$ が真であると仮定した結果，「ある性質」をもつすべての対象について「あることが成り立つ」ことがわかる．証明のある段階で「ある性質」をもつ対象が見つかれば，仮定 $A$ によって，この特定の対象について「あることが成り立つ」ことがわかり，そのことを結論 $B$ を導くのに利用できる．言い換えれば，「ある性質」をもつ対象全般について述べている仮定 $A$ を「ある性質」をもつ特定の対象について特殊化したことになる．

特殊化の考え方を具体的な例により説明しよう．仮に読者は次の情報をもっていたとする．

**A**：すべての 4 気筒の車は燃費が良い．

この主張には三つの項目がある．

対象：車
性質：4 気筒（エンジン搭載）

成り立つこと：燃費が良い．

読者が燃費の良い車を買いたいと思っているならば，読者の目標は

**B**：燃費の良い車を買う

ことになる．このとき情報 $A$ をもとに，特殊化によって次のように考えを前向きに進めて $B$ に到達することができる．ある日ディーラーを訪れて気に入った車を見つけたとしよう．店員と話してその車が4気筒であることを確かめたとする．ここで，前もって真だと仮定した $A$ の情報から次の結論を得る．

**A1**：この（特定の）車は燃費が良い．

つまり，読者は量化詞「すべての」を含む仮定 $A$ を，「ある性質」をもつ特定の対象に適用したことになる．

この例を詳しく見ると，前進過程で得られた

**A**：**ある性質**をもつすべての**対象**について，**あることが成り立つ**

の形の主張を特殊化するプロセスは，次の3ステップで表せることがわかる．

### 特殊化による証明のステップ

1. 量化詞「すべての」を含む主張の中の「対象とその種類」，「ある性質」，「成り立つこと」を判別する．
2. 1で判別した性質をもち，特殊化を適用できそうな特定の対象を見つける．
3. 前進過程の新たな主張を得るために，その特定の対象について「あることが成り立つ」という結論を導き出す．

次の例で特殊化をどう適用するとよいかを説明しよう．まず，次のことがわかっているとする．

**A**：すべての実数 $x, y \geq 0$ に対して，$x + y \geq 2\sqrt{xy}$ が成り立つ．

この主張の中の，「対象」（実数 $x, y$），「ある性質」（0以上であること），「成り立つこと」（$x + y \geq 2\sqrt{xy}$）を判別する．ここで，この主張を特殊化すると，任意の0以上の2つの実数（「ある性質」を満たす対象）についての主張を得る．たとえば，$A$ を $x = 3, y = 27$ に対して特殊化すると，

**A1**：$3+27 \geq 2\sqrt{3 \times 27}$，すなわち，$30 \geq 18$

を得る．

また，与えられた実数 $a$ および $b$ に対して，$A$ を $x=a^2 \geq 0$，$y=b^2 \geq 0$ として特殊化すると

**A2**：$a^2+b^2 \geq 2|ab|$

を得る[18]．

特殊化を用いて実際に命題の証明をしてみよう．

**定義 14**　実数 $u$ がある実数の集合 $T$ の**上界** (upper bound) であるとは，すべての要素 $t \in T$ に対して，$t \leq u$ が成り立つことである．

**命題 8**　$R$ がある実数の集合 $S$ の部分集合で，$u$ が $S$ の上界ならば，$u$ は $R$ の上界である．

**証明の考え方**　前進後退法により，「ある実数（ここでは $u$）が，ある実数の集合（ここでは $R$）の上界であることを示すにはどうすればよいか？」という抽象質問が得られる．その答えとして，定義 14 から，次のことを示せばよいことがわかる：

**B1**：すべての $r \in R$ に対して，$r \leq u$.

後退過程において量化詞「すべての」が現れたので，抽出法によって証明を進める．

**A1**：$R$ の一つの要素 $r$

を任意に選んで，これに対して，

**B2**：$r \leq u$

を示したい．（ここで記号 $r$ は，意味の異なる二つのもの，すなわち，$A1$ で選んだ要素を表すのにも，「すべての」を含む主張 $B1$ の一般の要素を表すのにも用いられている．）

次いで前進過程に移り，特殊化をどのように用いて $B2$ の $r \leq u$ を導くかを見ていこう．$R$ が $S$ の部分集合であるという仮定から，定義 12（47 ページ参照）により次の

[18] 訳注：$|ab|$ は $ab$ の絶対値を表す．

ことがわかる：

**A2**： どの $x \in R$ に対しても，$x \in S$.

前進過程で量化詞「どの…も」というキーワードが現れたので，特殊化を使うことを考える．命題8の前に述べた特殊化による証明のステップに従うと，最初のステップは，$A2$ の中の「対象とその種類」(要素 $x \in R$)，「ある性質」(ここではなし)，「成り立つこと」($x \in S$) を判別することである．次のステップで，満たすべき性質をもつ対象を見つけて特殊化する．先に後退過程で進んだとき，特定の要素 $r \in R$ ($A1$ 参照) を選んだことを思い出そう．特殊化の最後のステップは，前進過程で得られた，$A2$ に述べられている「成り立つこと」がこの特定の $r \in R$ についても成り立つという新しい主張を書くことである．この場合は $A2$ に特殊化を適用した結果として，

**A3**： $r \in S$

を得る．

証明はまだ完結していない．後退過程の最後の主張 ($B2$) が前進過程の最後の主張にたどりついていないからである．よって，さらに前向きに推論を進めよう．仮定により $u$ は $S$ の上界であるから，定義14により，

**A4**： どの $s \in S$ に対しても，$s \leq u$.

が得られる．再び前進過程で量化詞「どの…も」が現れたので，特殊化を用いよう．まず $A4$ の中の「対象とその種類」(要素 $s \in S$)，「ある性質」(なし)，そして「成り立つべきこと」($s \leq u$) を判別する．そして，満たすべき性質をもった対象で，特殊化を適用すべきものを見つける．$A1$ で選んだ $r$ は $A3$ から $r \in S$ がわかっているから，特殊化を適用すると，この特定の対象 $r \in S$ について $A4$ で述べていることが成り立つ．すなわち，

**A5**： $r \leq u$.

$A5$ は後退過程で最後に得られた $B2$ と一致し，これにより証明は完結する．

次に簡潔な証明を示そう．その中では前進後退法，抽出法，特殊化のどれにも言及していないことに注意されたい．

**命題8の証明**　$u$ が $R$ の上界であることを示すために，まず $r \in R$ とする (「とする」という表現が，抽出法を用いることを示している)．仮定より，$R \subset S$ なので $r \in S$

である（ここで特殊化を用いた）．さらに，仮定より $u$ は $S$ の上界であるから，$S$ のどの要素も $u$ 以下である．特に，$r \in S$ だから，$r \leq u$．（ここでも，特殊化を用いた．）

□

特殊化を適用するときには，記号を混同しないように注意しよう．それは，第3章で定義を使うときの注意として学んだ「記号の統一」と似たところがある．たとえば，次のような形の主張に特殊化を適用するとしよう．

**A**： ある性質をもつすべての対象 $X$ について，あることが成り立つ．

特殊化を適用する特定の対象（それを仮に $Y$ とする）を探すときには，$Y$ が $A$ に述べられている条件を満たすことの確認が必要である．すなわち，$A$ の中の「ある性質」の部分で，すべての $X$ を $Y$ で置き換えたものが真であることを確かめる．同様に，$Y$ が $A$ の中の「あることが成り立つ」と結論するときも，すべての $X$ を $Y$ で置き換えると，これが前進過程の正しい主張となる．（これは命題8の証明の考え方の中の，$A3$ と $A5$ の部分にあたる．）記号の重複に注意されたい．たとえば，量化詞「すべての」を含む一般の主張の中のものと，選んだ特定のものが，同じ記号で表されているかもしれない．

## 6.2 証明の読み方

特殊化を用いた証明を読み解く方法を，次の命題を用いて説明しよう．

**定義 15** 実数 $u$ がある実数の集合 $S$ の**上限** (least upper bound) であるとは，次が成り立つことである：(1) $u$ は $S$ の上界である，(2) $S$ のすべての上界 $v$ に対して，$u \leq v$ が成り立つ．

**命題 9** $v^*$ と $w^*$ がともに集合 $T$ の上限ならば，$v^* = w^*$ である．

**命題 9 の証明** （後の解説のために，一つの文ごとに改行して文番号をつけている．）

**S1**： 仮定より，$v^*$ と $w^*$ はともに $T$ の上限である．

**S2**： $v^*$ は $T$ の上限だから，$T$ のどの上界 $u$ に対しても $v^* \leq u$．

**S3**： 特に，$w^*$ は $T$ の上界だから $v^* \leq w^*$．

**S4**： 同様に，$w^*$ は $T$ の上限で，$v^*$ は $T$ の上界だから，$w^* \leq v^*$．

**S5**： これらより，$v^* = w^*$. □

## 証明の考え方

**〈S1の解説〉**　ここでは上限の定義の(1)の部分を用いて，仮定から前向きに進んで次の主張を得る.

**A1**： $v^*$ と $w^*$ は $T$ の上界である.

証明を読むときは，証明がどの方向に向かっているのかを考えよう．そのためには自ら $B$ から後ろ向きに進んでみるとよい．この場合の抽象質問は「二つの実数（ここでは，$v^*$ と $w^*$）が等しいことを示すにはどうすればよいか？」である．証明の先の方を見るとこの問いにどう答えているかがわかる．$S3$ と $S4$ からその答えは次を示すことだとわかる.

**B1**： $v^* \leq w^*$ かつ $w^* \leq v^*$.

**〈S2の解説〉**　証明はさらに前向きに進み，上限の定義の(2)の部分を $v^*$ に対して用いると，結果として次の主張 $A2$ を得る.

**A2**： $T$ のすべての上界 $u$ に対して，$v^* \leq u$.

**〈S3の解説〉**　量化詞「すべての」を含む $A2$ に対して，特殊化を行う．「特に」という表現が，特殊化の目印となっている．ここでは $A2$ に $u = w^*$ という特殊化を行う．$w^*$ は $T$ の上界である（$A1$ 参照）から，特殊化の結果として，$S3$ の

**A3**： $v^* \leq w^*$

を得る.

**〈S4の解説〉**　ここでは $S3$ と同様に特殊化を用いているが，今度は $T$ の上限 $w^*$ と上界 $v^*$ に対して適用する．この特殊化の結果

**A4**： $w^* \leq v^*$

を得る.

**〈S5の解説〉**　証明は前向きに進み，$A3$ の $v^* \leq w^*$ と $A4$ の $w^* \leq v^*$ を合わせて，$w^* = v^*$ を得る．結論 $B$ に達したので，証明は完結する.

## まとめ

条件付き主張「$A$ ならば $B$」の仮定 $A$ または結論 $B$ に量化詞が読み取れる場合の基本的な証明技法を学んできた．結論 $B$ に存在量化詞「存在する」が含まれる場合は，望ましい性質を満たす対象を作り出すために構成法を用いる．後退過程で全称量化詞「すべての」を含む主張を得たときには抽出法を用いる．前進過程で量化詞「すべての」が現れたときには特殊化を用いる．

### 特殊化による証明のステップ

1. 量化詞「すべての」を含む主張の中の「対象とその種類」，「ある性質」，「成り立つこと」を判別する．
2. 1で判別した性質をもち，特殊化を適用できそうな特定の対象を見つける．（この対象は後退過程の結果，特に抽出法を用いた場合に現れることが多い．）
3. 前進過程の新たな主張を得るために，その特定の対象について「あることが成り立つ」という結論を導き出す．

抽出法と特殊化の双方は互いに混同されることが少なからずある．両者の相違点を端的に述べるならば，抽出法は，後退過程で量化詞「すべての」を含む主張が現れたときに用いられる；他方，特殊化は，前進過程で量化詞「すべての」を含む主張が現れたときに用いられる．

本章までは，主張が量化詞を一つだけ含む場合を扱ってきた．次章では二つ以上の量化詞を含む場合を扱う．

## 練習問題

注意　証明はすべて「証明の考え方」と「簡潔な証明」とを併記すること．

**問 6.1**　集合 $R, S, T$ に対して，$R \subseteq S$ かつ $S \subseteq T$ ならば，$R \subseteq T$ であることを証明せよ．

**問 6.2**　$S$ と $T$ が凸集合（定義は問 5.1(d) 参照）ならば，$S \cap T$ も凸集合となることを証明せよ．

**問 6.3**　関数 $f$ が 1 変数の凸関数（定義は問 5.1(e) 参照）ならば，すべての実数 $s \geq 0$ に対して，関数 $sf$ も凸関数であることを証明せよ（関数 $sf$ の点 $x$ における値は，$sf(x)$ と定める）．

# 7

# 量化詞 4：入れ子の量化詞

第 4 章から第 6 章で扱った主張には,「存在する」または「すべての」という量化詞は一つしか含まれていなかった．読者は本章で一つの主張に二つ以上の量化詞が含まれる，すなわち，**入れ子の量化詞** (nested quantifiers) がある場合の証明法を学ぶ．

## 7.1 入れ子の量化詞を含む主張を理解する

次の主張は，二つの量化詞「すべての」および「存在する」が入れ子になった例である[19]．

**S1**：$0 \leq x \leq 1$ のすべての実数 $x$ に対して，$-1 \leq y \leq 1$ となるある実数 $y$ が存在して，$x + y^2 = 1$ を満たす．

こうした主張を読み，書き，証明するときには，つねに主張の文頭から順に処理を進めよう．上述の $S1$ を文頭から見ていくと，最初に出会う量化詞は「すべての」である．この量化詞に関する各項目を判別すると，

対象：実数 $x$
性質：$0 \leq x \leq 1$
成り立つこと：$-1 \leq y \leq 1$ となるある実数 $y$ が存在して，$x + y^2 = 1$ を満たす

である．「成り立つこと」はさらに量化詞「存在する」を含むので，その「成り立つこと」の各項目を判別すると

対象：実数 $y$

---

[19] 訳注：量化詞「存在する」を含む主張は
「ある性質をもった対象で，あることが成り立つようなものが存在する.」
あるいは
「ある性質をもった対象が存在して，あることが成り立つ.」
のように表現される．本章以降では複数の量化詞を順に処理するのに好都合な，二番目の表現を採用する．

性質：$-1 \leq y \leq 1$
成り立つこと：$x + y^2 = 1$

となる．

入れ子の量化詞のもう一つの例として，$T$ をある実数の集合として，次の主張を考えよう．

**S2**：実数 $M > 0$ が存在して，すべての要素 $x \in T$ に対して $x < M$ が成り立つ．

$S2$ を文頭から順に読んでいって最初に出会う量化詞は「存在する」である．その各項目を判別すると

対象：実数 $M$
性質：$M > 0$
成り立つこと：すべての要素 $x \in T$ に対して，$x < M$

となる．「成り立つこと」はさらに入れ子の量化詞「すべての」を含むので，その各項目を判別すると

対象：要素 $x \in T$
性質：なし
成り立つこと：$x < M$

となる．

量化詞が現れる順序は主張の意味を決定するのにとりわけ重要である．たとえば，$S2$ を次の主張と比べてみよう．

**S3**：すべての実数 $M > 0$ に対して，ある要素 $x \in T$ が存在して $x < M$ が成り立つ．

$S3$ の意味することは，それぞれの正の実数 $M$ に対して，要素 $x \in T$ を見つけることができて，$x < M$ を満たす，ということである．ここで，$x$ の値は $M$ の値によって異なってもよいことに注意されたい．つまり，$M$ の値を変化させれば，それにともなって $x$ も変化してよい．それに対して，$S2$ は，ある正の実数 $M > 0$ が存在して，$T$ から要素 $x$ をどう選ぼうと，$x < M$ が成り立つと述べている．$S2$ と $S3$ は明らかに異なる主張である．

主張の中にいくつ量化詞が含まれていてもかまわない．次の例は三つの入れ子になった量化詞を含んでいる．（以下で $f$ は実数値の 1 変数関数とする．）

**S4**： どのような実数 $\varepsilon > 0$ に対しても，ある実数 $\delta > 0$ が存在して，$|x - y| < \delta$ であるようなすべての実数 $x$ および $y$ に対して，$|f(x) - f(y)| < \varepsilon$ が成り立つ．

$S4$ を「文頭から順に」という原則に従って見ていくと，最初に出会うのは全称量化詞「どのような…も」（「すべての」と同じ）であり，各項目を判別すると

対象： 実数 $\varepsilon$
性質：$\varepsilon > 0$
成り立つこと： ある実数 $\delta > 0$ が存在して，$|x - y| < \delta$ であるようなすべての実数 $x$ および $y$ に対して，$|f(x) - f(y)| < \varepsilon$

となる．この「成り立つこと」の中に，「存在する」と「すべての」という二つの量化詞が入れ子になっている．再び「文頭から順に」という原則に従うと，「存在する」に対応する各項目は

対象： 実数 $\delta$
性質：$\delta > 0$
成り立つこと：$|x - y| < \delta$ であるようなすべての実数 $x$ および $y$ に対して，$|f(x) - f(y)| < \varepsilon$

となる．

上述の「成り立つこと」に含まれる量化詞「すべての」に対応する各項目は

対象： 実数 $x$ および $y$
性質：$|x - y| < \delta$
成り立つこと：$|f(x) - f(y)| < \varepsilon$

となる．

主張を書くときに重要なことは，そこで使うすべての記号にあらかじめ定義を与えておき，必要ならば，適切な量化詞を付加することである．そうでないと数学という言語の文法エラー (syntax error) になる．この点について，次の例で説明しよう．$a$ と $b$ は整数で，$b$ は $a$ で割り切れるとする．定義 1 を使って次のような主張を書いたと

しよう：

**A1**：$b = ca$.

この主張 $A1$ には文法エラーがある．$a$ と $b$ は整数であるとしているが，記号 $c$ は定義していないからである．正しい書き方は次のようになる．

**A1**：ある整数 $c$ が存在して，$b = ca$.

要するに，主張を書くときは，必要ならば適切な量化詞を用いて過不足なく記号などを定義することが必要である．

## 7.2　入れ子の量化詞を含む主張の証明法

前進後退法で現れる主張が，入れ子になった量化詞を含むときは，文頭から順に，現れる量化詞のそれぞれに応じた適切な証明法（構成法，抽出法，特殊化）を用いればよい．たとえば，上の $S2$ が真であることを証明したいとしよう．すなわち，

**B**：実数 $M > 0$ が存在して，すべての要素 $x \in T$ に対して $x < M$ が成り立つ

を証明する．主張 $B$ は後退過程の主張であるが，主張を文頭から見ていって最初に出会う量化詞は「存在する」なので，最初に用いるべき適切な証明技法は構成法である．よって，前進過程に移って実数 $M > 0$ を構成することになる．それができたとしよう．構成法では，構成した $M$ の値が $B$ の中の「成り立つこと」を実際に満たすことを示す必要がある．すなわち，示すべきことは

**B1**：すべての要素 $x \in T$ に対して $x < M$ が成り立つ

である．$B1$ が真であることを示すには，後退過程で全称量化詞「すべての」が現れたので，抽出法を用いる．この場合，

**A1**：$x \in T$

を任意に一つ選び，それに対して

**B2**：$x < M$

を示す必要がある．

入れ子の量化詞を含む主張に対して，次の例を通して，どのように適切な技法を選びながら証明を進めるかを見ていこう．

**定義 16** 実数全体の集合から実数全体の集合への関数 $f$ が**上への** (onto) **関数**（**全射** (surjection) ともいう）であるとは，どの実数 $y$ に対しても，ある実数 $x$ が存在して，$f(x) = y$ を満たすことである．

**命題 10** $m$ および $b$ が実数で $m \neq 0$ ならば，関数 $f(x) = mx + b$ は上への関数である．

**証明の考え方** 前進後退法で証明を始める．仮定 $A$ にも結論 $B$ にも（「すべての」，「存在する」などの）キーワードが含まれていないからである．後退過程で抽象質問「関数（ここでは $f(x) = mx + b$）が上への関数であることを示すにはどうしたらよいか？」を立てる．定義 16 を $f(x) = mx + b$ に対して用いると，示すべきことは

**B1**： どの実数 $y$ に対しても，ある実数 $x$ が存在して，$mx + b = y$ を満たす

である．$B1$ は入れ子になった量化詞を含んでいる．どの証明法を使うかを決めるにあたって，文頭から順に見ていくと最初に全称量化詞「どの…も」(「すべての」) があることに気づく．よって，(全称量化詞が後退過程で現れるので) 抽出法を用いる．抽出法のステップに従うと

**A1**： 実数 $y$

を任意に選び，それに対して

**B2**： ある実数 $x$ が存在して，$mx + b = y$ を満たす

ことを示す必要がある．

後退過程の主張 $B2$ に「存在する」というキーワードがあるので，今度は構成法で進めばよい．そのためには前進過程に移り，望ましい性質をもつ実数 $x$ を構成することが求められる．

実数 $x$ は関係式 $mx + b = y$ を満たす必要があること，および，仮定から $m \neq 0$ であることより，次の主張を得る．

**A2**： 実数 $x = (y - b)/m$ を構成する．

構成法では，構成したものが（$B2$の中の）「ある性質」を満たし，「あることが成り立つ」ことを示す必要があるので，

**B3**：$mx + b = y$

を示す必要があるが，実は$A2$より証明はすでに完結している．なぜなら

**A3**：$mx + b = m\{(y - b)/m\} + b = (y - b) + b = y$

となるからである．

簡潔な証明を以下に述べるが，用いた証明の技法の名称を省いていること，また，上述の「証明の考え方」における複数の主張が一つの主張にまとめられていることに注意されたい．

**命題10の証明**　$f$が上への関数であることを示すために，$y$を実数とする．（「とする」という表現が抽出法の利用を示している．）仮定より$m \neq 0$であるから，$x = (y - b)/m$とする．（ここでは「とする」が構成法の利用を示している．）これが$f(x) = mx + b = y$を満たすことは明らかである．□

## 7.3　証明の読み方

次の命題を用いて証明の読み方を説明しよう．

**命題11**　$a, b, c$が実数で$a < 0$とすると，ある実数$y$が存在して，すべての実数$x$に対して$ax^2 + bx + c \leq y$が成り立つ．

**命題11の証明**　（後の解説のために，一つの文ごとに改行して文番号をつけている．）

**S1**：$y = \dfrac{4ac - b^2}{4a}$とする．

**S2**：実数$x$に対して，

$$ax^2 + bx + c = a\left(x + \frac{b}{2a}\right)^2 + \frac{4ac - b^2}{4a}$$

が成り立つ．

**S3**： $a<0$ より，$ax^2+bx+c \leq \dfrac{4ac-b^2}{4a}=y$. □

### 証明の考え方

**〈S1 の解説〉**　命題の結論 $B$ の中の最初の量化詞は「存在する」なので，構成法を用いて次の値を構成する（どのようにしてこの値を構成したかの説明はない）：

**A1**： $y=(4ac-b^2)/4a$.

**〈S2 の解説〉**　構成法のステップに従って，$A1$ で構成した $y$ の値が，結論 $B$ における量化詞「存在する」対象について「成り立つこと」，すなわち

**B1**： すべての実数 $x$ に対して，$ax^2+bx+c \leq y$

を示そうとしている．後退過程で得た $B1$ に量化詞「すべての」があるので，$S2$ の中の「実数 $x$ に対して」という表現が示唆しているように抽出法を用いている．すなわち，

**A2**： 実数 $x$

を一つ選び，それに対して

**B2**： $ax^2+bx+c \leq y$

が真であることを示す．その際に $S2$ では次のような途中の計算を省いている．

**A3**：

$$ax^2+bx+c=a\left(x^2+\frac{b}{a}x+\frac{b^2}{4a^2}\right)+c-\frac{b^2}{4a}=a\left(x+\frac{b}{2a}\right)^2+\frac{4ac-b^2}{4a}.$$

**〈S3 の解説〉**　証明は $A3$ の右辺から前へ向かって進む．特に，命題の仮定の $a<0$ と $\left(x+\dfrac{b}{2a}\right)^2 \geq 0$ より，$a\left(x+\dfrac{b}{2a}\right)^2 \leq 0$ なので，

**A4**： $ax^2+bx+c \leq \dfrac{4ac-b^2}{4a}$

を得る．最後に，$A1$ より $\dfrac{4ac-b^2}{4a}=y$ であったから，抽出法と構成法は完結し，証明を終える．

## まとめ

主張が入れ子の量化詞を含むときは，次のステップに従って進む．

1. 主張の文頭から順に見ていって，現れるそれぞれの量化詞に対して，「対象」，「ある性質」，「成り立つこと」を判別する．
2. それぞれの量化詞に適した証明法（構成法，抽出法，特殊化など）を，現れた順に用いる．

第9章と第10章でさらに「$A$ ならば $B$」の新しい二つの証明法を学ぶが，そのためには第8章の内容が必要である．

## 練習問題 

注意　証明はすべて「証明の考え方」と「簡潔な証明」とを併記すること．

**問 7.1**　次のそれぞれの定義文において，「対象」，「ある性質」，「成り立つこと」を，量化詞を適切に用いて記せ．

(a) $f$ は1変数の関数，$x$ は実数であるとする．任意の実数 $\varepsilon > 0$ に対し，実数 $\delta > 0$ を適当に選んで，$|x-y| < \delta$ であるすべての実数 $y$ に対して，$|f(x)-f(y)| < \varepsilon$ となるようにできるとき，**$f$ は $x$ で連続** (continuous) であるという．

(b) $x$ および $x_1, x_2, x_3, \ldots$ は実数とする．任意の実数 $\varepsilon > 0$ に対し，正の整数 $j \geq 1$ を選んで，$k > j$ であるすべての整数 $k$ に対し，$|x_k - x| < \varepsilon$ となるようにできるとき，数列 $x_1, x_2, x_3, \ldots$ は $x$ に**収束する**という．

**問 7.2**　集合 $S = \{1-\frac{1}{2}, 1-\frac{1}{3}, 1-\frac{1}{4}, \ldots\}$ の上限は1であることを証明せよ．なお，証明において必要となる上界および上限の定義は，それぞれ定義14および定義15として第6章に与えられているが，上限については下記の同値な定義を用いることにする．

〈上限の同値な定義[20]〉　$u$ は，ある実数の集合 $S$ の一つの上界とする．すべての実数 $\varepsilon > 0$ に対し，$S$ の要素 $x$ で，$x > u - \varepsilon$ となるものが存在するとき，$u$ を $S$ の上限という．

（証明のヒント：この集合 $S$ は，$S = \{\text{実数 } x : \exists \text{整数 } n \geq 2 \text{ s.t. } x = 1 - \frac{1}{n}\}$ と表される．）

[20] 訳注：本書には同値であることの証明は書かれていないが，証明は難しくないので読者自身で考えてみることをおすすめする．

# 8

# 主張の否定をどう書くか

第9章と第10章で説明する証明法を用いるためには，主張 $A$ の否定を書けることが必要である．本書ではこれ以降，主張 $A$ の否定を NOT $A$ と表す．本章では量化詞などのキーワードを含むさまざまな主張の否定の書き方の規則を述べる．

## 8.1 NOT, AND, OR を含む主張の否定の書き方

場合によっては主張の否定は簡単に書ける．たとえば，$A$ が「実数 $x$ は正である」という主張のとき，NOT $A$ は「実数 $x$ が正であるということは成り立たない」であり，同値な言い換えをすると「実数 $x$ は正ではない」となる．さらに「ではない」という表現を主張の意味に含めて消し去り，「実数 $x$ は0以下である」とすることができる．

最初から「…ない」(no, not) を含んでいる主張は，その否定をとると，NOT が「…ない」と打ち消しあう．たとえば，$A$ を次のような主張としよう．

**A**： $x^2 + x - 11 = 0$ を満たす整数 $x$ は存在しない．

このとき，$A$ の否定は

**NOT A**： $x^2 + x - 11 = 0$ を満たす整数 $x$ が存在する，

あるいは

**NOT A**： ある整数 $x$ が存在して，$x^2 + x - 11 = 0$ を満たす

となる[21]．

AND（かつ），OR（または）を含む主張の否定を書くには特別な規則がある．すな

[21] 訳注：否定の書き方の説明を簡単にするため，ここでも，量化詞「存在する」を含む主張を次の形で書いたものを標準形とする．
「ある性質をもった対象が存在して，それについてあることが成り立つ．」

わち，

NOT [$A$ AND $B$] の否定は，[NOT $A$] OR [NOT $B$],
NOT [$A$ OR $B$] の否定は，[NOT $A$] AND [NOT $B$]

である．たとえば，

NOT [$(x \geq 3)$ AND $(y < 2)$] の否定は，[$(x < 3)$ OR $(y \geq 2)$] であり，
NOT [$(x \geq 3)$ OR $(y < 2)$] の否定は，[$(x < 3)$ AND $(y \geq 2)$] である．

## 8.2 量化詞を含む主張の否定の書き方

主張が量化詞を含む場合は，その否定を書くのは上述の場合よりは難しい．たとえば，主張 $B$ が

**B**：**ある性質**をもつ**すべての対象**について，**あることが成り立つ**

という標準形で全称量化詞「すべての」を含むとしよう．

この主張の否定は

**NOT B**：**ある性質**をもつ**すべての対象**について，**あることが成り立つ**，とはいえない

であり，その意味するところは，

**NOT B**：「ある性質」をもつ対象が存在して，それについては「あること」は成り立たない[22]

である．

同様に，主張 $B$ が標準形で存在量化詞「存在する」を含むとしよう．

**B**：**ある性質**をもつ**対象**が存在して，それについて**あることが成り立つ**.

このとき，否定は

[22] 訳注：日本語としてより自然な表現は，「ある性質をもつ対象の中には，あることが成り立たないものが存在する」であるが，8.1節の訳注で述べた形で表現すると，原著の否定の作り方のルールがそのまま適用できる．

**NOT B**：**ある性質**を**もつ対象**が存在して，それについて**あることが成り立つ**，とはいえない

である．言い換えれば，

**NOT B**：「ある性質」をもつどの対象についても，「あること」は成り立たない[23)]

ということになる．

ここで注目すべきことは，主張が量化詞を含むとき，その主張の否定は反対の量化詞を含むことである．つまり，「すべての」は「存在する」となり，「存在する」は「すべての」となる．

一般に，（一つとは限らない）量化詞を含む主張の否定の書き方は次の3ステップの操作にまとめられる．

**量化詞を含む主張の否定を書く手順**

ステップ1　主張全体の前にNOTをつける．

ステップ2　NOTのあとに量化詞があれば，その量化詞が「すべての」なら「存在する」に，「存在する」なら「すべての」に入れ替える．さらにNOTを「あることが成り立つ」の直前に移動する．入れ子の量化詞に対しては，ステップ2のここまでの操作を繰り返し，NOTのあとに量化詞がなくなるまで続ける．

ステップ3　NOTのあとに量化詞がなくなったら，NOTの直後にある主張の否定を書いてNOTをその主張の意味の中に含めることによって消す．

実際に，上述の3ステップに従って次の主張の否定を書いてみよう．

1. すべての実数 $x \geq 2$ に対して，$x^2 + x - 6 \geq 0$.

   ステップ1　NOT [すべての実数 $x \geq 2$ に対して，$x^2 + x - 6 \geq 0$].
   ステップ2　ある実数 $x \geq 2$ が存在して，NOT [$x^2 + x - 6 \geq 0$].

[23)] 訳注：ここでは語順を変えずに表現しようとしているが，より自然な文にすると
「あること」は，「ある性質」をもつどの対象についても成り立たない
となる．

ステップ3 ある実数$x \geq 2$が存在して，$x^2 + x - 6 < 0$.

ステップ2で，NOTが前から後ろへ移動するとき，量化詞は置き換わるが「ある性質」(ここでは$x \geq 2$) は変わらないことに注意しよう．

2. ある実数$x \geq 2$が存在して，$x^2 + x - 6 \geq 0$.

   ステップ1 NOT [ある実数$x \geq 2$が存在して，$x^2 + x - 6 \geq 0$].
   ステップ2 すべての実数$x \geq 2$に対して，NOT [$x^2 + x - 6 \geq 0$].
   ステップ3 すべての実数$x \geq 2$に対して，$x^2 + x - 6 < 0$.

否定を書きたい主張が入れ子の量化詞（第7章参照）を含んでいる場合は，それぞれの量化詞に対してステップ2の操作を行う．この操作を文頭にある量化詞から順に後ろに向かってほどこしていって，NOTのあとに量化詞がなくなるまで続ける．この手順を次の二つの例で示そう．

3. $-1 < x < 1$の範囲のすべての実数$x$に対して，$-1 < y < 1$の範囲のある実数$y$が存在して，$x^2 + y^2 \leq 1$.

   ステップ1 NOT [$-1 < x < 1$の範囲のすべての実数$x$に対して，$-1 < y < 1$の範囲のある実数$y$が存在して，$x^2 + y^2 \leq 1$].
   ステップ2 $-1 < x < 1$の範囲のある実数$x$が存在して，NOT [$-1 < y < 1$の範囲のある実数$y$が存在して，$x^2 + y^2 \leq 1$].
   ステップ2 $-1 < x < 1$の範囲のある実数$x$が存在して，$-1 < y < 1$の範囲のすべての実数$y$に対して，NOT [$x^2 + y^2 \leq 1$].
   ステップ3 $-1 < x < 1$の範囲のある実数$x$が存在して，$-1 < y < 1$の範囲のすべての実数$y$に対して，$x^2 + y^2 > 1$.

4. ある実数$M > 0$が存在して，実数の集合$S$のすべての要素$x$に対して，$|x| < M$.

   ステップ1 NOT [ある実数$M > 0$が存在して，実数の集合$S$のすべての要素$x$に対して，$|x| < M$].
   ステップ2 すべての実数$M > 0$に対して，NOT [実数の集合$S$のすべての要素$x$に対して，$|x| < M$].
   ステップ2 すべての実数$M > 0$に対して，実数の集合$S$のある要素$x$が存在して，NOT [$|x| < M$].

ステップ3　すべての実数 $M > 0$ に対して，実数の集合 $S$ のある要素 $x$ が存在して，$|x| \geq M$.

## 8.3 反例

ここまで見てきた主張はすべて真で，証明することができるものであった．しかし，数学の主張の中には真偽がすぐにはわからないものもある．たとえば，次の主張を考えよう：

**B**：すべての整数 $n \geq 2$ に対して，$n^2 \geq 2^n$.

$n = 2, 3, 4$ くらいなら，$B$ が真であることは容易に示せる．しかし，この主張を抽出法（あるいは他の方法）で証明しようとしてもうまくいかない．なぜなら，この主張は真ではないからであり，その場合はどの証明の技法も役立たないからである．一般に，ある主張が真ではないことを証明するにはどうしたらよいだろうか．一つの答えは，その主張の否定が真であることを証明すればよい．$B$ が真でないことを示すために8.2節で学んだ否定の書き方に従うと

**NOT B**：ある整数 $n \geq 2$ が存在して，$n^2 < 2^n$

となる．$B$ の否定が真であることを証明するには，「存在する」というキーワードがあるので構成法を用いるとよい．この場合，$n = 5$ とすると，$n = 5 \geq 2$ であり，$5^2 = 25 < 32 = 2^5$ なので，$n^2 < 2^n$ となる．

要するに，ある主張 $B$ が真でないことを証明するには，$B$ の否定が真であることの証明を試みるとよい．$B$ が標準形で，

**B**：ある性質をもつすべての対象について，あることが成り立つ

のように「すべての」というキーワードを含んでいれば，$B$ の否定は「存在する」というキーワードを含み，

**NOT B**：「ある性質」をもつ対象が存在して，(それについては)「あること」が成り立たない

となる．

NOT $B$ が真であることを示すには，構成法によって「ある性質」はもつが「あること」が成り立たないものを（試行錯誤によることが多いが）構成すればよい．$B$ が真でない対象が一つでもあれば，それを主張 $B$ に対する**反例** (counter example) という．たとえば $n = 5$ は上の主張の反例である．

「$A$ ならば $B$」の形の主張の否定を証明しようとするときも，反例を作ればよい．次の例を考えてみよう．（整数 $n$ が整数 $m$ で割り切れる（記号で $m|n$）とは，ある整数 $k$ が存在して $n = km$ を満たすことであることを思い出そう）：

**S**： $a, b, c$ が $a|(bc)$ を満たす整数ならば，$a|b$ かつ $a|c$ である．

主張 $S$ を証明しようとしてどうしてもうまくいかなければ，実は $S$ は真ではないかもしれないと疑い始めるかもしれない．$S$ が真でないことを証明するには，第1章の真理表で，「$A$ ならば $B$」が偽になるのは，$A$ が真で $B$ が偽のときだということを思い出そう．これより，上の主張 $S$ が真でないことを示すには，

**A**： $a, b, c$ は $a|(bc)$ を満たす整数.

**NOT B**： NOT ($a|b$ かつ $a|c$)，すなわち 8.1 節の規則より，$b$ が $a$ で割り切れないか，$c$ が $a$ で割り切れない

を示す必要がある．言い換えれば，$S$ が真でないことを証明するには，$a|(bc)$ が成り立つような整数 $a, b, c$ で，$b$ が $a$ で割り切れないか，$c$ は $a$ で割り切れないものを作ってみせる必要がある．たとえば，$a = 2$, $b = 4$, $c = 5$ は，$2|20$ なので $a|(bc)$ を満たす．しかし，$c = 5$ は $a = 2$ で割り切れない．よって，$a = 2$, $b = 4$, $c = 5$ は主張 $S$ に対する反例である．

要するに，「$A$ ならば $B$」の形の主張が真でないことを示すには，$A$ が真で $B$ が偽であることを示す必要がある．上の例の場合は，$A$ を真，$B$ を偽とするような値の組を反例として示している．

## まとめ

以下に，特別な形の主張の否定の書き方をまとめておく．

1. NOT [NOT $A$] は $A$.
2. NOT [$A$ AND $B$] は [(NOT $A$) OR (NOT $B$)].

3. NOT [$A$ OR $B$] は [(NOT $A$) AND (NOT $B$)].
4. NOT [ある性質をもつ対象が存在して，あることが成り立つ] は，「ある性質をもつどの対象についても，あることは成り立たない」.
5. NOT [ある性質をもつすべての対象について，あることが成り立つ] は「ある性質をもつ対象が存在して，それについてはあることが成り立たない」.

主張に入れ子の量化詞が含まれる場合は，その主張の否定を作るNOTは，文頭から後ろへ向かう順に，すべての量化詞に作用する.

## 練習問題 

注意　証明はすべて「証明の考え方」と「簡潔な証明」とを併記すること.

**問 8.1**　次のそれぞれの定義文の内容（すなわち，その定義されている概念）の否定NOTを定義する形に書き換えよ．たとえば，$f$ を実関数とするとき，「すべての実数 $x$ に対して $f(x) \leq f(x^*)$ となるとき，実数 $x^*$ は関数 $f$ の最大点であるという」については，「実数 $x^*$ が関数 $f$ の最大点でないのは，$f(x) > f(x^*)$ となる実数 $x$ が存在するときである」となる.

(a) $f$ と $g$ は1変数の関数，$S$ はある実数の集合とする．すべての要素 $x \in S$ に対して $g(x) \geq f(x)$ となるとき，集合 $S$ 上で $g \geq f$ であるという.

(b) $u$ は実数，$S$ はある実数の集合とする．すべての要素 $x \in S$ に対して $x \leq u$ となるとき，$u$ は $S$ の上界であるという.

(c) $C$ はある実数の集合とする．すべての $x, y \in C$ と $0 \leq t \leq 1$ であるすべての実数 $t$ に対して，$tx + (1-t)y \in C$ となるとき，$C$ は凸集合であるという.

(d) $f$ は1変数の実関数とする．すべての実数 $x, y$ と $0 \leq t \leq 1$ を満たすすべての実数 $t$ に対して，

$$f(tx + (1-t)y) \leq tf(x) + (1-t)f(y)$$

となるとき，$f$ は凸関数であるという.

**問 8.2**　次のそれぞれの文の内容を「…ない」という言葉を用いて書き換えよ．たとえば，「$x > 0$」は「$x \leq 0$ でない」となる.

(a) 集合 $S$ のすべての要素 $x$ が $T$ に属する.

(b) $0$ と $\pi/2$ の間の角 $t$ で，$\sin t = \cos t$ となるものが存在する.

(c) 「ある性質」をもつすべての「対象」について，「あることが成り立つ」.

(d) 「ある性質」をもつ「対象」で，「あることが成り立つ」ものが存在する.

# 9

# 背理法

これまで学んだ証明法のいずれを用いても，何らかの理由で証明ができないことがあるかもしれない．本章ではそうしたときに役立つ新たな証明法を紹介する．この方法は命題の結論部分の主張に，ある種のキーワードが含まれるときに用いられる．

## 9.1 別の証明法が必要な理由

前進後退法は強力な証明法ではあるが，この方法でもうまく証明できないこともある．たとえば次の例である．

**命題 12**　$n$ が整数で $n^2$ が偶数ならば，$n$ も偶数である．

**証明の考え方**　前進後退法により，「整数（ここでは $n$）が偶数であることを示すにはどうすればよいか？」という抽象質問が得られる．これに対する一つの答えは次の主張 $B1$ を示すことである．

**B1**：$n = 2k$ となるような整数 $k$ が存在する．

量化詞「存在する」が後退過程に現れたので，構成法を用いよう．前進過程によって条件を満たすような整数 $k$ を構成したい．

$n^2$ が偶数という仮定から前向きに推論を進めると，新しい主張

**A1**：$n^2 = 2m$ を満たすような整数 $m$ が存在する

が得られる．

目標は $n = 2k$ となるような整数 $k$ を構成することであるから，ふつうに考えると $A1$ の等式の両辺の正の平方根をとって

**A2**：$n = \sqrt{2m}$

としたくなるが，$\sqrt{2m}$ を書き直して $2k$ の形にするにはどうしたらよいだろうか．どうやら前進後退法ではうまくいかないようである．

**命題 12 の証明**　これから学ぶ証明法を用いればこの命題は簡単に証明できるので，証明は練習問題（問 9.4）に譲る．□

幸い，証明をあきらめる前に試す価値のある証明法がまだいくつかある．本章ではその一つである**背理法** (contradiction method) を紹介し，いつどのように適用するとよいかを説明しよう．

## 9.2　背理法をいつどのように用いるか

背理法を用いる場合，前進後退法と同様に $A$ が真であると仮定することから始める．異なる点は $B$ が真であるという望ましい結論に達するために，そもそも「なぜ $B$ は偽になりえないのか？」と自問することである．仮にも $B$ が真ならば，偽になりえない理由があるはずである．背理法の目標は，その理由を見つけることである．

言い換えれば，背理法の発想は，$A$ が真かつ $B$ が偽であると仮定して，なぜこのことが成り立たないかを調べることにある．ここで「なぜこのことが成り立たないかを調べる」とはどういう意味だろうか．たとえば，$A$ が真で $B$ が偽（以降 NOT $B$ と表す）であると仮定して進んでいった結果，$1 = 0$ などという結論に達したとしよう．そうなれば，$A$ が真であることと $B$ が偽であることは両立しないと誰もが納得するであろう．このように，背理法の証明は $A$ が真かつ NOT $B$ が真と仮定することから始める．NOT $B$ は第 8 章の否定の作り方に従って書き表す．この情報をもとにして推論を進めて，明らかに真だとわかっていることとの矛盾に導くのである．

背理法を別の観点から説明しよう．第 1 章の真理表（表 1.1，5 ページ）で，「$A$ ならば $B$」という主張は，$A$ が真で $B$ が偽の場合以外のすべての場合に真であることを思い出そう．背理法による証明の意図するところは，命題「$A$ ならば $B$」が偽となるただ一つの不都合な組み合わせを除外するために，あえてこの「$A$ が真で $B$ が偽」という組み合わせを仮定して進み，矛盾を導き出すことにある．ここで，自然に以下のようないくつかの疑問が生じる：

1. どのような矛盾に導いたらよいか.
2. 矛盾を導くために，$A$ が真で $B$ が偽という仮定を実際どのように使えばよいか.
3. どのような理由でどのような場合に，前進後退法の代わりにこの方法を用いるとよいか.

第一の疑問に答えるのは極めて難しい．その理由としては，どのような矛盾に導くかについての明確な指針はなく，また問題ごとにそれぞれ独自の矛盾が導き出されることなどが挙げられる．そして，矛盾を見つけるには，独創性，ひらめき，忍耐力などが求められ，ときには運の助けも必要になる．

第二の疑問については，矛盾を見つけるのにもっともよく使われる方法は，すぐあとに例で示すように，$A$ と NOT $B$ がともに真という仮定から前向きに推論を進めることである．

このことはまた，前進後退法でなく背理法を使うとよい理由も示唆している．前進後退法では，真であると仮定するのは $A$ だけであるが，背理法では $A$ と NOT $B$ のどちらも真であると仮定できる．したがって，前向きに推論を進めるときに，一つだけでなく二つの主張を仮定として使えることになる（図 9.1 参照）．しかしながら，背理法にも短所はある．それは，どのような矛盾を導けばよいのかあらかじめわからないので，結論から後ろ向きに推論を進められないことである．

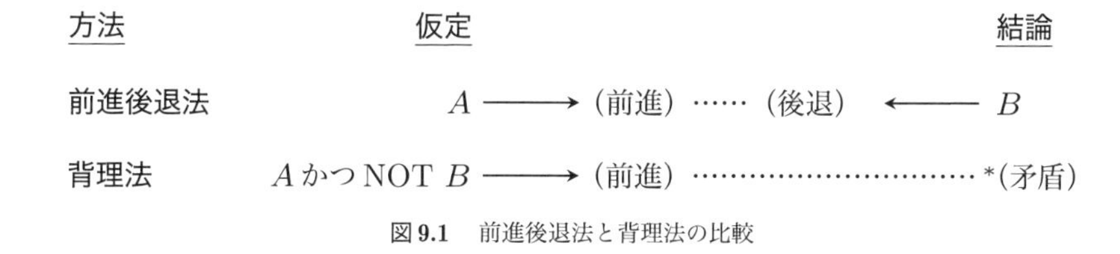


**図 9.1** 前進後退法と背理法の比較

一般的に言って，NOT $B$ という仮定から役に立つ情報を得られそうな場合には背理法を用いるとよい．それを示すわかりやすい例が二つある．命題 12 の結論 $B$ である「$n$ は偶数である」を思い出そう．整数は奇数か偶数かのどちらかであるから，$B$ が真でないとは $n$ が奇数であるということになり，利用できそうな情報が得られたことになる．一般に，$B$ が起こりうる二つの場合の一方であるときは，背理法はうまくいきそうである．つまり，NOT $B$ を仮定することにより，もう一方が起こることになり，それが矛盾を導くうえで役に立つはずである．

背理法の成功が期待できるもう一つの例は，結論 $B$ が「…ない」(not, no) といったキーワードを含むときである．第8章で学んだように，NOT $B$ を仮定すると，「…ない」のような否定が解除され，その方が前向きに進むときの出発点として利用しやすい主張が得られる．このことを次の例で見よう．

**命題 13** $r$ が $r^2=2$ を満たす実数ならば，$r$ は無理数である．

**証明の考え方** 重要なのは命題13の結論 $B$ が「$r$ は有理数ではない」と書き換えられることに気づくことである．この形には「…ない」という背理法向きのキーワードが現れて，背理法を示唆する．したがって，$A$ および NOT $B$ がともに真であると仮定する．この場合には

**A**：$r^2=2$,

かつ

**A1 (NOT B)**：$r$ は有理数である．

この情報から矛盾を導き出すことになる．

第3章24ページの有理数の定義7を用いて $A1$ から前向きに推論を進めると，次のように書ける．

**A2**：整数 $p$ と，0でない整数 $q$ が存在して，$r=p/q$ を満たす．

この段階では，まだどこで矛盾が生じるのかは明らかではなく，矛盾に至る過程を見つけるには少なからぬ独創性が必要とされる．重要な点は，次のように仮定してよいことである．

**A3**：$p$ と $q$ は公約数をもたない（すなわち，$p$ と $q$ の両方を割り切る正の整数は1以外にない）．

$p$ と $q$ が公約数をもつ限り，分数（最初は $p/q$）の分母と分子を公約数で約分することを繰り返すと，$A3$ の条件を満たすようにできる．

これで，2が $p$ と $q$ の公約数であることが示せれば，$A3$ との矛盾にたどりつける．前向きに推論を進めて，$p$ と $q$ が偶数であること，すなわち，ともに2で割り切れることを示そう．

$A2$ の等式の両辺を2乗して

**A4**：$r^2=p^2/q^2$.

ここで仮定 $A$ から $r^2 = 2$ なので,

**A5**：$2 = p^2/q^2$

を得る．あとは前進過程で $A5$ を式変形していって，$p$ と $q$ がともに偶数であるという矛盾に到達する．この部分の証明のステップを以下の表にまとめよう．

| 主張 | | 理由 |
|---|---|---|
| $A6$： | $2q^2 = p^2$. | $A5$ の両辺を $q^2$ 倍した. |
| $A7$： | $p^2$ は偶数である. | $A6$ より，$p^2$ は整数 $q^2$ の 2 倍だから. |
| $A8$： | $p$ は偶数である. | 命題 12 より. |
| $A9$： | $p = 2k$ となる整数 $k$ がある. | 偶数の定義より. |
| $A10$： | $2q^2 = (2k)^2 = 4k^2$. | $A9$ の $p = 2k$ を $A6$ に代入した. |
| $A11$： | $q^2 = 2k^2$. | $A10$ を 2 で割った. |
| $A12$： | $q^2$ は偶数である. | $A11$ より $q^2$ は整数 $k^2$ の 2 倍だから. |
| $A13$： | $q$ は偶数である. | 命題 12 より. |

このように，$p$ と $q$ はともに偶数（$A8$ と $A13$）ということになり，$A3$ に矛盾し，証明が完結する．

**命題 13 の証明**　逆に，$r$ が $p/q$（ここで，$p, q$ は整数で $q \neq 0$）の形の有理数で，$r^2 = 2$ を満たすと仮定する．さらに，$p, q$ は公約数をもたないと仮定してよい．もしあれば分母 $q$ と分子 $p$ を約分すればよいからである．$r^2 = 2$ かつ $r = p/q$ だから，$2 = p^2/q^2$. よって，$2q^2 = p^2$ である．$2q^2$ が偶数なので，$p^2$ も，そして $p$ も偶数である．よって $p = 2k$ を満たす整数 $k$ が存在する．これを $p$ に代入すると $2q^2 = p^2 = (2k)^2 = 4k^2$. すなわち $q^2 = 2k^2$ を得る．よって $q^2$ は偶数であり，$q$ も偶数である．これで $p$ と $q$ はともに偶数になり，公約数 2 をもつ．これは $p, q$ は公約数をもたないという条件設定に矛盾するので命題の結論が成り立つ．□

この証明は，はるか昔にピタゴラスの弟子が発見したといわれ，背理法による証明の典型例として知られている．読者は他の方法でこの命題の証明を試みてはいかがだろうか．

## 9.3 背理法の他の使い方

背理法が効力を発揮する場合は他にもいくつかある．結論の主張 $B$ が量化詞「存在する」を含むときは，実際に求める対象を具体的に構成することは容易ではないにもかかわらず，構成法を用いることを勧めてきた．背理法はまったく異なる道を拓いてくれる．「ある性質」をもつ対象で，「あることが成り立つ」ようなものが実際に存在することを示す代わりに，そのようなものは存在しないと仮定して推論を進めたらよいのではないか．そうすると目標はこの仮定の情報を用いて何らかの矛盾に導くことになる．どこでどのように矛盾が起こるかはあらかじめ知ることはできないが，それでも，矛盾を見つける方が，実際に条件を満たす対象を構成するよりもやさしいかもしれない．次の例を考えよう．

パーティーに 367 人の参加者がいるとき，少なくとも 2 人は同じ誕生日であるということを証明したいとする．構成法を用いるということは，実際にパーティーへ行って同じ誕生日の 2 人を見つけることである．背理法を用いるとパーティーに行かないですむので時間と労力の節約になる．背理法ではどの 2 人も誕生日が同じではないと仮定する．つまりすべての参加者の誕生日は異なると仮定するのである．

矛盾を導くために，一番誕生日の早い人に番号 1，次の人に番号 2，…というように，人々に番号を割り当てる．それぞれの人の誕生日は異なると仮定したので，番号 2 の人は番号 1 の人より誕生日は少なくとも 1 日後である．これを続けていくと番号 367 の人の誕生日は番号 1 の人より少なくとも 366 日後ということになる．しかし，1 年にはせいぜい 366 日しかないことからそれは不可能である．これで矛盾に到達した．

これは，構成法と背理法という二つの証明技法の微妙ながら重要な相違点を説明する例である．構成法でうまくいけば，(場合によってはコンピュータの助けを借りて) 条件を満たす対象が得られる．これに対して，背理法で証明した場合は，条件を満たす対象が存在することはわかっても，実際にそれを構成してはいない．構成しないですむため，証明は構成法よりかなり短く容易にできることが多い．対象が存在しないことが不可能であることを示すだけでよい．この違いは数学の世界で哲学的な大論争を引き起こした．

背理法は主張が真であることを証明する新しい方法である．単に結論が真でないと仮定し，その仮定から矛盾が導かれることを示す．そうすればもとの結論は真であるということになる．

## 9.4　証明の読み方

背理法による証明の読み解き方を次の例で実際に見ていこう．

**命題 14**　$m, n$ が奇数ならば，方程式 $x^2 + 2mx + 2n = 0$ は有理数の解をもたない．

**命題 14 の証明**　（後の解説のために，一区切りずつ改行して番号をつけてある．）

**S1**：方程式 $x^2 + 2mx + 2n = 0$ が有理数の解をもつと仮定し，有理数の解を $x = p/q$ と表す．ここで，$q \neq 0$ で $p$ と $q$ のうち少なくとも一つは奇数とする．

**S2**：$q$ は奇数である．なぜなら，$p^2 = -2mqp - 2q^2n$ であり，これより $p^2$，ひいては $p$ が偶数であるからである．

**S3**：$m'$ と $n'$ が奇数ならば，$y^2 + 2m'y + 2n' = 0$ は奇数の解をもたない．なぜなら，$y$ を奇数の解とすると，$y^2$ も奇数だが，$y^2 = -2m'y - 2n'$ は偶数であり，これは起こりえないからである．

**S4**：$y^2 + 2m'y + 2n' = 0$ は偶数の解ももたない．$y$ を偶数の解とすると，ある整数 $k$ によって $y = 2k$ と表せる．

**S5**：代入すると $4k^2 + 4m'k + 2n' = 0$，すなわち $2k^2 + 2m'k + n' = 0$ を意味し，$2k^2 + 2m'k$ は偶数で $n'$ は奇数であるから和は 0 になりえない．

**S6**：しかし，$x = p/q$ が $x^2 + 2mx + 2n = 0$ を満たすということは，$y = p$ が $y^2 + 2m'y + 2n' = 0$ を満たすことである．ここで，$m' = mq$ は奇数かつ $n' = nq^2$ も奇数である．これはありえない．

この矛盾により命題は証明された．□

証明の考え方

**〈S1 の解説〉**　ここでは結論が真でないと仮定している．すなわち

**A1 (NOT B)**：方程式は有理数の解 $x = p/q$ をもつ．

これは背理法を用いることを示している．さらに次を仮定する．

**A2**：$p$ と $q$ のうち少なくとも一方は奇数とする．

この仮定をおいても一般性は失われない．なぜなら，両方が偶数ならば $p$ と $q$ を何回か 2 で割ればどちらかは奇数になるからである．

この証明が背理法だと気づいたとして，読者はどのような矛盾に行きつくか予想がついたであろうか．まだならばこの段階で考えてみよう．

**〈S2 の解説〉** $A1$ から前進過程で前向きに推論を進めて次の主張を得る．

**A3**： $q$ は奇数である．

このことは背理法によって証明する．$q$ が偶数であると仮定すると，$p$ も偶数になり，これは $A2$ と矛盾する．実際，$x = p/q$ を $x^2 + 2mx + 2n = 0$ に代入し，両辺を $q^2$ 倍し，$p^2$ について解くと $p^2 = -2mqp - 2q^2n$ を得る．この等式の右辺は偶数なので $p^2$ も偶数となる．最後に命題12より $p$ も偶数であることがわかる．

**〈S3 の解説〉** $S3$ は最終的な矛盾への方向を示している．ここで次のことを示す．

**A4**： $m'$ と $n'$ が奇数ならば，$y^2 + 2m'y + 2n' = 0$ は奇数の解をもたない．

これも背理法で示す．そのことは $y$ が奇数の整数解であると仮定していることから読み取れる．そして $y^2$ が奇数であり（奇数の奇数倍は奇数だから），かつ偶数（$A4$ から $y^2 = -2m'y - 2n'$ は偶数）であるという矛盾に到達する．

**〈S4 の解説〉** ここでは次のことを示す．

**A5**： $m'$ と $n'$ が奇数ならば，$y^2 + 2m'y + 2n' = 0$ は偶数の解をもたない．

これも背理法で示すが，そのことは $y$ を偶数の整数解と仮定していることから見て取れる．偶数の定義より，ある整数 $k$ により $y = 2k$ と表せる．

**〈S5 の解説〉** $S4$ の背理法の証明の続きである．$y = 2k$ を $y^2 + 2m'y + 2n' = 0$ に代入し，その結果を2で割ると $2k^2 + 2m'k + n' = 0$ を得る．しかし，偶数 $2k^2 + 2m'k$ と奇数 $n'$ を足して0になるはずがないので正しく矛盾に至る．

**〈S6 の解説〉** $A1$ から前向きに推論を進めるために，$x = p/q$ を $x^2 + 2mx + 2n = 0$ に代入して，両辺を $q^2$ 倍して次の主張 $A6$ を得る．

**A6**：$y = p$ は $y^2 + 2m'y + 2n' = 0$ を満たす．ここで，$m' = mq$，$n' = nq^2$ である．

$m' = mq$ と $n' = nq^2$ はともに奇数であると主張している．$m$ と $n$ が奇数（命題の仮定より）で，$q$ も奇数（$A3$ より）だからである．

そして，最後に目指していた矛盾に到達する．$A4$ と $A5$ より，$m', n'$ を奇数とする方程式 $y^2 + 2m'y + 2n' = 0$ は整数解をもたないからである．それでも主張 $A6$ は，$y = p$ はこの方程式の整数解であると述べており，これは矛盾であるから，証明は完結する．

## まとめ

背理法は結論 $B$，または後退過程で $B$ から得られた主張が「…ない」というキーワードを含むときに有力な証明技法である．背理法は以下のステップに従って進められる：

1. $A$ が真で $B$ が真でない（すなわち $A$ と NOT $B$ が真である）と仮定する．
2. $A$ と NOT $B$ から前向きに推論を進めて矛盾に至る．

この方法の一つの難点は推論を進めていく先にどのような矛盾があるのか正確に予想できないので，後退過程を使えないことである．次の章では，ある特定の形の矛盾に到達することを目標とする別の証明法を紹介する．その方法ではあらかじめどのような矛盾を導こうとしているかがわかっているので，「案内灯」を手にしていることになろう．

## 練習問題 

注意　証明はすべて「証明の考え方」と「簡潔な証明」とを併記すること．

**問 9.1**　以下の各命題を背理法を用いて証明する場合，何を仮定すべきかを述べよ．

(a) $l, m, n$ を連続する 3 整数とすると，$l^2 + m^2 + n^2 + 1$ は 24 で割り切れない．

(b) 整数 $n$ が $n > 2$ であるならば，正の整数 $x, y, z$ に対して $x^n + y^n = z^n$ を満たす解 $x, y, z$ は存在しない．

(c) 二つの関数 $f$ と $g$ があって，(1) $g \geq f$ で (2) $f$ が上に有界でないならば，$g$ も上に有界でない．

**問 9.2** 以下の各設問の文の内容を「…ない」という否定形の文として書き換えよ．

(a) 素数の個数は無限である．

(b) 実数の集合 $S$ は非有界である．

(c) 正の整数 $p$ の正の約数は，1 と $p$ だけである．

(d) 平面 $P$ 内の異なる直線 $l$ と $l'$ は平行である．

**問 9.3** 以下の (a)〜(c) の各結論を導こうとするとき，(1) どのような証明法を使うか（二つ以上の証明法を使うときは，それらをどのような順序で使うのがよいかも記せ）．また，(2) 何を構成し，何を仮定し，何を示すか等を具体的に説明せよ（注：以下において，$S, T$ はある実数の集合を表し，$s, t, x, M$ はそれぞれある実数とする）．

(a) $\exists s \in S \text{ s.t. } s \in T$（集合 $T$ の要素であるような，集合 $S$ の要素 $s$ が存在する）．

(b) $\forall s \in S, \nexists t \in T \text{ s.t. } s > t$（集合 $S$ のどの要素 $s$ に対しても，$s > t$ を満たすような $t$ は $T$ の中に存在しない）[24]．

(c) $\nexists M > 0 \text{ s.t. } \forall x \in S, |x| < M$（集合 $S$ のすべての要素 $x$ に対して $|x| < M$ となる正数 $M$ は存在しない）．

**問 9.4** $n$ が整数で $n^2$ が偶数ならば $n$ は偶数であることを，背理法により証明せよ．

**問 9.5** 円の弦は直径より長くないことを，背理法により証明せよ．（ヒント：円に内接する，斜辺が直径となる直角三角形を描いてみる．直径より長い弦は存在し得るか．）

**問 9.6** 素数は無限に存在することを背理法によって証明せよ．（ヒント：$n$ を最大の素数とし，$n! + 1$ の因数となる素数 $p$ を考えよ．$p$ と $n$ の関係はどうなるか．）

---

[24] 訳注：記号 $\nexists$ は「存在する」を表す存在記号 $\exists$ の否定，つまり「存在しない」を表す記号である．

# 10

# 対偶法

前章で説明した背理法では，$A$ と NOT $B$ を仮定して前向きに推論を進め，何らかの矛盾を導いた．この証明法の難点は，どのような矛盾が起こるかがあらかじめわからないことである．本章で紹介する証明法は，ある特定の型の矛盾に向けて推論を進められる利点がある．

## 10.1　対偶法をいつどのように用いるか

**対偶法** (contrapositive method) は，はじめに $A$ と NOT $B$ が真であると仮定する点で背理法と似ている．しかし，背理法では $A$ と NOT $B$ の両方から前向きに推論を進めるのに対し，対偶法では，NOT $B$ だけから前向きに推論を進めて，$A$ が偽（以降 NOT $A$ と書く）という矛盾に到達することを目標とする．$A$ が真であると同時に偽であること以上の矛盾があるだろうか．繰り返して言うが，対偶法では $A$ および NOT $B$ がともに真であると仮定したうえで，NOT $B$ から前向きに推論を進めて，NOT $A$ という矛盾へと導くのである．前向きに進むときの出発点の NOT $B$ と後ろ向きに進むときの出発点の NOT $A$ という主張を書き下すには第 8 章の否定の作り方を参照されたい．

対偶法は，$A$ が真であるという仮定が「受動的に」矛盾を与えるという意味で，受動的な背理法であるといえる．これに対して，［もとの］背理法では，矛盾を導くために $A$ が真であるという仮定を能動的に用いている．次の命題で対偶法がどのように使われるかを説明しよう．

**定義 17**　1 変数の実数値関数 $f$ が **1 対 1 の** (one-to-one) 関数であるとは，$x \neq y$ を満たすすべての実数 $x, y$ に対して，$f(x) \neq f(y)$ となることである．

**命題 15**　$m$ と $b$ が実数で $m \neq 0$ ならば，関数 $f(x) = mx + b$ は 1 対 1 である．

**証明の考え方**　仮定にキーワード「…ない」が含まれているが，前進後退法を用いる．$B$ から抽象質問「関数が 1 対 1 であることを示すにはどうすればよいか？」を得る．

定義17を特定の関数 $f(x) = mx + b$ にあてはめると

**B1**： $x \neq y$ を満たすすべての実数 $x, y$ に対して，$mx + b \neq my + b$

を示せばよい．

この新しい主張は「すべての」と「…ない」($\neq$ という形で）という二つのキーワードを含んでいる．一つの主張に複数のキーワードがあるときは，それぞれのキーワードに応じた適切な技法を，文頭から順に適用する（このことは第7章で学んだ入れ子の量化詞の扱い方と同様である)．後退過程の主張 $B1$ の最初のキーワードは「すべての」なので，抽出法を用いよう．そこで，

**A1**： $x \neq y$ を満たす実数 $x, y$

を任意に選び，それに対して

**B2**： $mx + b \neq my + b$

を示したい．$B2$ にキーワード「…ない」が含まれていることに気づけば，背理法か対偶法で進むことが適切だとわかる．ここでは対偶法を用いよう．そうすると，

**A2 (NOT B2)**： $mx + b = my + b$

から前向きに進み，

**B3 (NOT A1)**： $x = y$

を到達目標としてここから後ろ向きに進む．あとは $A2$ に簡単な式変形をほどこせばよい．すなわち，$A2$ の両辺から $b$ を引いて，

**A3**： $mx = my$

を得る．最後に，仮定 $A$ より $m \neq 0$ なので，$A3$ の両辺を $m$ で割って $B3$ を得る．これで証明は完結する．

以下に簡潔な証明を与えるが，その中では抽出法にも対偶法にも言及していない．

**命題15の証明**　$x$ と $y$ を $mx + b = my + b$ を満たす実数とする．このとき，$x = y$ を得る．実際，仮定から $m \neq 0$ であるから，両辺から $b$ を引いて $m$ で割ればよい．□

## 10.2　対偶法と他の証明法の比較

前述のように，対偶法は一種の背理法であり，それぞれに利点と難点がある（図10.1参照）．対偶法の難点は，二つの仮定でなく，ただ一つの仮定（すなわちNOT $B$）から前に推論を進めなければならないことである．一方，利点は目標とする到達点（すなわちNOT $A$）が明確なことである．したがって，NOT $A$に後退過程を適用することが可能になる．背理法の場合は，どのような矛盾が導かれるかわからないため，後ろ向きに進むことはできない．

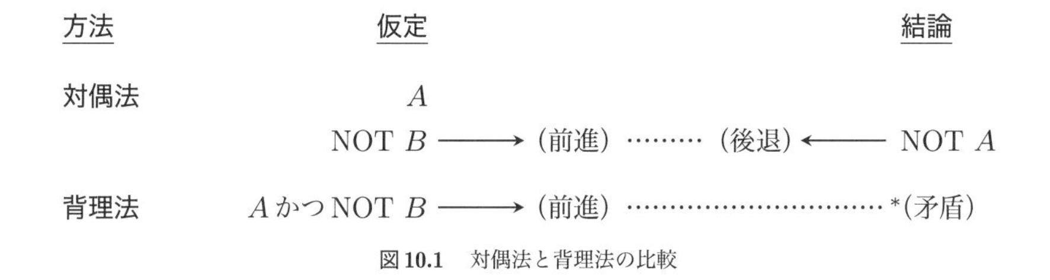


図 10.1　対偶法と背理法の比較

対偶法と前進後退法を比較してみるのも興味深いことである．前進後退法では$A$から前向きに進み，$B$から後ろ向きに推論を進めたが，対偶法ではNOT $B$から前向きに進み，NOT $A$から後ろ向きに推論を進める（図10.2参照）．

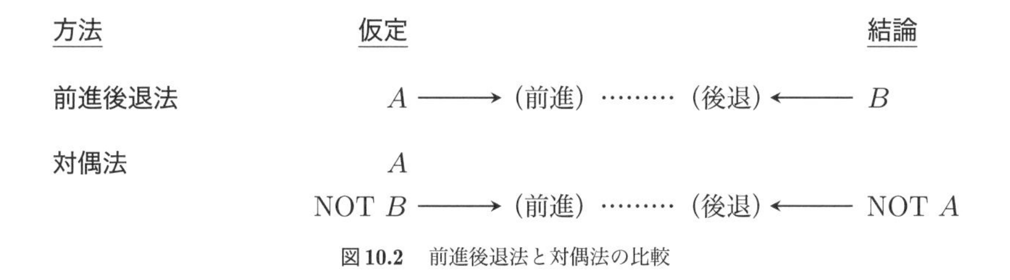


図 10.2　前進後退法と対偶法の比較

図10.2を見ると，場合によっては，前進後退法よりも対偶法を用いる方がよい理由もわかってくる．ときには$A$から前向きに推論を進めるよりもNOT $B$から前向きに進める方が，役に立つ情報を得られることもあるだろう．また，NOT $A$から後ろ向きに推論を進めることの方が，$B$から後ろ向きに進めるより容易かもしれない．

前進後退法は，$A$が真の場合と$A$が偽の場合に分けて「$A$ならば$B$」の真偽を考察するものである（第1章の表1.1を参照）．それに対して対偶法は，$B$が真の場合と偽の場合に分けて「$A$ならば$B$」の真偽を考察するものである．実際，$B$が真ならば，表1.1より「$A$ならば$B$」は真であるから，$B$が真である場合を考察する必要はない．

そこで，$B$ は偽であるとしよう．このとき，表1.1より「$A$ ならば $B$」が真であるためには，$A$ が偽であることを示さなければならないことがわかる．要するに，対偶法では，$B$ は偽と仮定して，$A$ も偽であることを示すのである．

「$A$ ならば $B$」という条件付き主張は「NOT $B$ ならばNOT $A$」と論理的に同値である（表3.2参照）．したがって対偶法とは，「NOT $B$ ならばNOT $A$」に前進後退法を用いることと考えてよい．たいていの対偶法を用いた簡潔な証明では，この方法を用いたことには言及していない．

読者はすでに，後退過程で「…ない」というキーワードを見れば，背理法を使えばよいことを知っている．さらに，同じキーワードが前進過程で出てきたら対偶法の適用を本気で検討するとよい．NOT $A$ から後ろ向きに進むとうまくいくことが多いからである．

三種類の証明法の比較を図10.3に示す．

| 方法 | 仮定 | | | | | 結論 |
|---|---|---|---|---|---|---|
| 前進後退法 | $A$ | ⟶ | （前進） | ……… | （後退） ⟵ | $B$ |
| 背理法 | $A$ かつ NOT $B$ | ⟶ | （前進） | ……………………………… | | *（矛盾） |
| 対偶法 | $A$ | | | | | |
| | NOT $B$ | ⟶ | （前進） | ……… | （後退） ⟵ | NOT $A$ |

**図10.3**　前進後退法，背理法，対偶法の比較

## 10.3　証明の読み方

対偶法を用いた証明の読み解き方を，以下の命題を例にして説明しよう．

**命題16**　$a, b$ は整数で $a \neq 0$ とする．$b$ が $a$ で割り切れなければ，方程式 $ax^2 + bx + b - a = 0$ は正の整数解をもたない．

**命題16の証明**　（後の解説のために，一つの文ごとに改行して番号をつけてある．）

**S1**：$x > 0$ は整数で $ax^2 + bx + b - a = 0$ を満たすとする．

**S2**：このとき，$x = \dfrac{-b \pm (b - 2a)}{2a}$．

**S3**：$x > 0$ であるから，$x = 1 - \dfrac{b}{a}$ である．

**S4**：これは $b = (1-x)a$ を意味するから，$a|b$. □

### 証明の考え方

**〈S1 の解説〉**　ここでは NOT $B$ を仮定している．すなわち，

**A1 (NOT B)**：$x > 0$ は $ax^2 + bx + b - a = 0$ を満たす整数である．

これから背理法または対偶法を用いていることがわかる．そして $S4$ を見ると，証明は NOT $A$ で終わっている．すなわち，

**B1 (NOT A)**：$a|b$.

よって，対偶法で証明していることがわかる．

**〈S2 の解説〉**　証明は $A1$ から前向きに進み，2 次方程式の解の公式より次を得る．

**A2**：$x = \dfrac{-b \pm \sqrt{b^2 - 4a(b-a)}}{2a} = \dfrac{-b \pm (b-2a)}{2a}$.

**〈S3 の解説〉**　$A2$ から前向きに進むと，方程式の二つの解は $x = -1$，$x = 1 - \dfrac{b}{a}$ である．$A1$ より $x > 0$ であるから，$x = -1$ は考慮から外して

**A3**：$x = 1 - \dfrac{b}{a}$

を得る．

**〈S4 の解説〉**　$B1$ から後ろ向きに進むために抽象質問「ある整数（ここでは $b$）が別の整数（ここでは $a$）で割り切れることを示すにはどうすればよいか？」を立てる．定義よりその答えは次を示すことだとわかる．

**B2**：ある整数 $c$ が存在して，$b = ca$ が成り立つ．

$B2$ が量化詞「存在する」を含むことに気づいて，構成法で $c$ の値を求める．この例では $A3$ から前向きに進んで $b$ について解き，$b = (1-x)a$ を得る．これより $B2$ の求

める$c$として$c = 1 - x$を得る（証明では言及していない）．これでNOT $A$に到達したので，対偶法，そして証明が完結する．

## まとめ

対偶法は背理法の一種であるが，後退過程の最後の主張がキーワード「…ない」を含むときに用いられる．対偶法ではNOT $A$という具体的な矛盾に向け，下記のステップに従って進む．

1. $A$およびNOT $B$が真であると仮定する．
2. NOT $B$から前向きに推論を進めてNOT $A$をめざす．
3. NOT $A$から後ろ向きに進み，NOT $B$をめざす．

対偶法は，「NOT $B$ならばNOT $A$」を示す前進後退法と考えてよい．その理由は，対偶命題は論理的に「$A$ならば$B$」と同値だからである．

対偶法も背理法も，用いるためには主張の否定を正しく書けることが必須である．否定の書き方は第8章で学んだ．次章では量化詞と関連する特別なキーワードを含む主張の証明法を学ぶ．

## 練習問題

**注意**　証明はすべて「証明の考え方」と「簡潔な証明」とを併記すること．

**問10.1**　次の各命題の証明に対偶法を用いるとき，どのような主張から前向きに推論し（つまり，どういう仮定から始めて），どのような主張から後ろ向きに推論を進める（つまり，どういう結論を導き出す）ことが求められるか．

(a)　$n$は整数で$n^2$が偶数ならば，$n$も偶数である．

(b)　$S$はある実数の集合$T$の部分集合であるとする．$S$が有界でなければ，$T$も有界ではない．

**問10.2**　「$r$が実数で，$r > 1$ならば，$\sin t = r \cos t$, $0 < t < \pi/4$となる実数$t$は存在しない」という命題を対偶法で証明するために前進過程を適用するとき，次の式のうちではじめの段階の結果として得られるのはどの式か．

(a)　$r - 1 \geq 0$.

(b) $\sin^2 t = r^2(1 - \sin^2 t)$.

(c) $1 - r < 0$.

(d) $\tan t = 1/r$.

**問 10.3** 「関数 $f$ の導関数が存在して，その導関数が点 $x$ で $0$ でないならば，$f$ は点 $x$ で極大にならない」という命題を対偶法で証明しようとするとき，次のうちどれが正しい抽象質問か．また，他のものはどこが正しくないか．

(a) 関数 $f$ が点 $x$ で極大になることを示すにはどうすればよいか．

(b) 関数 $f$ の導関数が点 $x$ で $0$ になることを示すにはどうすればよいか．

(c) ある点である関数が極大になることを示すにはどうすればよいか．

(d) ある関数の導関数がある点で $0$ になることを示すにはどうすればよいか．

**問 10.4** $c$ が奇数ならば，$n$ についての方程式 $n^2 + n - c = 0$ には整数の解が存在しないことを証明せよ．

# 11

# 一意性の証明法

これまでに読者は「$A$ ならば $B$」を証明するための三つの主要な証明法を手に入れた：前進後退法，対偶法，背理法である．さらに，構成法，抽出法，特殊化をいつどのように用いるかも学んだ．本章では，量化詞に関連する証明法をもう一つ紹介する．それは**一意性の証明法** (uniqueness method) とよばれるもので，この証明法が用いられるのは，主張が量化詞「存在する」に加えて「ただ一つ」(「一意に」でも同じ）というキーワードを含み，以下のように形式的に表されるときである：

ある性質をもつ対象が**ただ一つ**存在して，それについてあることが成り立つ．

このような主張は前進過程にも後退過程にも現れるので，それぞれに応じた二つの証明法がある．

## 11.1 前進一意法

前進過程で一意性を含む主張が現れたならば，「ある性質」をもつ対象（たとえば $X$ としよう）がただ一つ存在して，「あることが成り立つ」ことがわかっていることになる．「ある性質」をもち，「あることが成り立つ」ような対象 $X$ を証明に利用できることに加えて，同じ性質をもち，同じことが成り立つようなもう一つの対象 $Y$ を見つけたとしたら，$X$ と $Y$ は同一のもの，すなわち $X = Y$ であると結論できる．この情報は $B$ が真であることを証明するのに使えるはずである．前進過程において，新しい主張「$X = Y$」を立てることを，**前進一意法** (forward uniqueness method) とよぶ．次の例で使い方を説明しよう．

**命題 17**　$a, b, c$ が実数で，方程式 $ax^2 + bx + c = 0$ はただ一つの実数の解をもつとする．このとき，$b^2 - 4ac = 0$ が成り立つ．

**証明の考え方**　仮定に「ただ一つの」というキーワードが入っているので，前進一意法が適切である．方程式 $ax^2 + bx + c = 0$ が実数解をもつという仮定から前向きに進

むと，2次方程式の解の公式より

**A1**： 方程式の解は，

$$\overline{x} = \frac{-b+\sqrt{b^2-4ac}}{2a}, \quad \overline{y} = \frac{-b-\sqrt{b^2-4ac}}{2a}$$

である．$A1$ の $\overline{x}$ と $\overline{y}$ はともに方程式 $ax^2+bx+c=0$ の解なので，解はただ一つという仮定から前進一意法により

**A2**： $\overline{x} = \overline{y}$

を得る．$A1$, $A2$ からさらに前向きに進み，

$$\overline{x} = \frac{-b+\sqrt{b^2-4ac}}{2a} = \frac{-b-\sqrt{b^2-4ac}}{2a} = \overline{y} \quad (\text{上の式より})$$

$$b^2-4ac=0 \quad (A1, A2\ \text{より}).$$

これで命題の結論を得て，証明は完結する．

**命題17の証明** 方程式 $ax^2+bx+c=0$ は実数解をもつので，2次方程式の解の公式より解は

$$\overline{x} = \frac{-b+\sqrt{b^2-4ac}}{2a}, \quad \overline{y} = \frac{-b-\sqrt{b^2-4ac}}{2a}$$

である．仮定に「方程式はただ一つの解をもつ」とあるので，$\overline{x} = \overline{y}$ であり，これより $b^2-4ac=0$ を得る．□

## 11.2 後退一意法

今度は，後退過程で「ただ一つの」というキーワードが結論 $B$ に現れる場合を考えよう．このとき示すべきことは，ある性質をもつ対象で，あることが成り立つものが存在することに加えて，それがただ一つしかないことである．つまり，**後退一意法** (backward uniqueness method) によって次の二つのことを証明する必要がある．

(a) ある性質をもち，あることが成り立つものが存在し，

(b) そのようなものはただ一つである．

(a) が構成法または背理法で証明できることはすでに学んだ．(b) を示すには，次のような二種類の標準的な方法がある．

### 直接一意法

**直接一意法** (direct uniqueness method) による証明では，「ある性質」をもち「あることが成り立つ」対象が二つあると仮定する．そのようなものが実際には一つしかないのならば，二つの対象のもつ「ある性質」,「成り立つこと」，および仮定 $A$ に含まれる情報を用いて，その二つの対象が実は同一である，つまり等しいと結論できるはずである．それらが等しいことを証明するには，通常は前進後退法が最善である．以下，この証明法を用いた例を示そう．

**命題 18**　$a, b, c, d, e, f$ が実数で，$ad - bc \neq 0$ ならば，連立方程式

$$ax + by = e, \quad cx + dy = f$$

の実数解 $x, y$ が一意に存在する．

**証明の考え方**　結論に「一意に」というキーワードが入っているので，後退一意法で証明するとよい．本来なら，まず $ax + by = e$, $cx + dy = f$ を満たす $x$ と $y$ を構成することから始めるが，この部分は第 4 章の命題 4（40 ページ）で構成法を用いて示した．あとは，この連立方程式を満たす実数の順序対 $(x, y)$ がただ一つであることを示せばよい．そのために直接一意法を用いる．二つの実数の順序対 $(x_1, y_1)$ と $(x_2, y_2)$ はともに「ある性質」をもち，「あることが成り立つ」ような対象とする．この場合「あること」とは

**A1**： $ax_1 + by_1 = e, \quad cx_1 + dy_1 = f$

および

**A2**： $ax_2 + by_2 = e, \quad cx_2 + dy_2 = f$

である．これらの 4 本の式と仮定 $A$ から，前進後退法により，二つの対象が等しいこと，すなわち

**B1**： $(x_1, y_1) = (x_2, y_2)$

を示す．この場合，$B1$ から導かれる抽象質問は，「二つの実数の順序対（ここでは $(x_1, y_1)$ と $(x_2, y_2)$）が等しいことを示すにはどうすればよいか？」である．実数の順

序対が等しいことの定義（第3章の定義4，24ページ）によると，その答えは，

**B2**：$x_1 = x_2$ かつ $y_1 = y_2$

を示すことである．これらの主張は，$A1$，$A2$ より，計算と $ad - bc \neq 0$ という仮定を用いて，前向きの推論により得られる．

**命題18の証明**　連立方程式を満たす実数 $x, y$ が存在することは，命題4（40ページ）で証明した．よって，一意性だけを証明しよう．そのために，$(x_1, y_1)$ と $(x_2, y_2)$ をそれぞれ

$$(1) \quad ax_1 + by_1 = e, \qquad (2) \quad cx_1 + dy_1 = f,$$
$$(3) \quad ax_2 + by_2 = e, \qquad (4) \quad cx_2 + dy_2 = f$$

を満たす実数の順序対とする．(1)から(3)，(2)から(4)を引くと，

$$(5) \quad a(x_1 - x_2) + b(y_1 - y_2) = 0,$$
$$(6) \quad c(x_1 - x_2) + d(y_1 - y_2) = 0$$

を得る．(5)に $d$ を，(6)に $b$ をかけて引き算すると，

$$(7) \quad (ad - bc)(x_1 - x_2) = 0$$

となる．$ad - bc \neq 0$ という仮定より，$x_1 - x_2 = 0$，よって $x_1 = x_2$ を得る．同様にして，$y_1 = y_2$ が得られ，一意性が証明された．□

## 間接一意法

**間接一意法** (indirect uniqueness method) による証明では，ある性質をもち，あることが成り立つような対象がただ一つ存在することを示すために，そのような互いに**異なるものが二つある**と仮定する．これは起こりえないはずなので，「ある性質」と，「あることが成り立つ」ことと，仮定 $A$ のもつ情報と，特に，二つの対象が異なることを用いて，矛盾を導き出せるはずである．以下にその実例を示そう．

**命題19**　$r$ が正の実数ならば，$x^3 = r$ となる実数 $x$ がただ一つ存在する．

**証明の考え方**　結論の中に「ただ一つ」というキーワードがあるので，後退一意法で始めるとよさそうである．そうすると最初のステップは構成法によって $x^3 = r$ となる

実数$x$を構成することであるが，存在の証明は省略して，ここではそのような実数がただ一つしかないことを示すために，どのように間接一意法を用いるかに焦点を当てる．そのために次の仮定をおく．

**A1**：$x$と$y$は異なる実数で（すなわち$x \neq y$），$x^3 = r$および$y^3 = r$を満たす．

この情報と，特に$x \neq y$より，$r = 0$となり，仮定の$r > 0$と矛盾することを示すのである．

$r = 0$を示すために，$A1$から前向きに推論を進める．$x^3 = r$および$y^3 = r$であるから，

**A2**：$x^3 = y^3$，すなわち，$x^3 - y^3 = 0$.

因数分解すると，

**A3**：$(x - y)(x^2 + xy + y^2) = 0$.

となる．$x \neq y$という仮定をここで用いて，$A3$の両辺を$x - y$で割ると

**A4**：$x^2 + xy + y^2 = 0$

を得る．$A4$を$ax^2 + bx + c = 0$という形の$x$についての2次方程式で，$a = 1, b = y$，$c = y^2$としたものとみなして解くと

**A5**：$x = \dfrac{-y \pm \sqrt{y^2 - 4y^2}}{2} = \dfrac{-y \pm \sqrt{-3y^2}}{2}$.

この式は$-3y^2$の平方根を含んでいるので，$x$が実数になるためには，

**A6**：$y = 0$

でなければならない．このとき，$A1$より

**A7**：$r = y^3 = 0$

となるので，$y = 0$が$r > 0$という仮定と矛盾することが導かれた．

**命題19の証明**　一意性についてのみ証明する．$x$と$y$は二つの異なる実数とし，$x^3 = r$，$y^3 = r$を満たすとする．このとき，$0 = x^3 - y^3 = (x - y)(x^2 + xy + y^2)$である．$x \neq y$であるから$x^2 + xy + y^2 = 0$．2次方程式の解の公式から

$$x = \frac{-y \pm \sqrt{y^2 - 4y^2}}{2} = \frac{-y \pm \sqrt{-3y^2}}{2}$$

を得る．$x$ が実数になるためには $y = 0$ でなければならない．だがこのとき，$r = y^3 = 0$ となり，$r$ が正という仮定に矛盾する．□

## まとめ

この章ではさまざまな一意性の証明法を学んだ．「ある性質」をもち「あることが成り立つ」ものについて，「ただ一つ存在する」というキーワードの組み合わせが現れたら一意法を用いるとよい．

前進過程で現れたら，前進一意法を用いる．

1. ある性質をもち，それに対してあることが成り立つような二つの対象 $X, Y$ を見つける．
2. $X$ と $Y$ は同一のものであること，すなわち $X = Y$ を前進過程の新しい主張とする．この主張は結論 $B$ が真であることを証明するのに使うことができる．

後退過程で現れたら，後退一意法を用いる．まず，ある性質をもち，それについてあることが成り立つような対象（仮に $X$ としよう）が存在することを構成法または背理法で示す．次に一意性を示すのであるが，それには二通りの方法がある．

### 直接一意法

1. 構成した $X$ のほかにもう一つ，「ある性質」をもち，「あることが成り立つ」ような $Y$ があるとする．
2. $X$ と $Y$ がともに「ある性質」をもち，「あることが成り立つ」ことと仮定 $A$ を用いて，$X$ と $Y$ が同一であること，すなわち $X = Y$ を示す．

### 間接一意法

1. $Y$ を $X$ とは異なる，「ある性質」をもち「あることが成り立つ」対象とする．
2. $X$ と $Y$ の性質と，それらが互いに異なること，および仮定 $A$ を用いて，矛盾を導く．

## 練習問題 

注意　証明はすべて「証明の考え方」と「簡潔な証明」とを併記すること．

**問 11.1**　$x$ が 2 より大きい実数ならば，$x = 2y/(1+y)$ となる実数 $y < 0$ がただ一つ存在することを証明せよ．

**問 11.2**　$m$ と $b$ が実数で，$m \neq 0$ ならば，$mx + b = 0$ となる実数 $x$ がただ一つ存在することを間接一意法により証明せよ．

**問 11.3**　$a$ と $b$ を実数とし，この二つの実数のうちで少なくとも一つは 0 ではないとし，$i = \sqrt{-1}$ は虚数単位を表すとする．このとき，0 ではない複素数 $a + bi$ に対して，$(a+bi)(c+di) = 1$ となるような複素数 $c + di$ がただ一つ存在することを示せ．

# 12

# 帰納法

第5章では，結論 $B$ の中に量化詞「すべての」が現れる場合に抽出法を用いることを学んだ．しかし，量化詞「すべての」を含む結論 $B$ が，ある特殊な形をしているときは，**数学的帰納法**（略して**帰納法**）(mathematical induction) とよばれる別の技法を用いると証明が容易になることがある．

## 12.1 帰納法の使い方

結論 $B$ が

すべての整数 $n \geq 1$ に対して，**あること**が成り立つ

という形をしていて，その「あること」が整数 $n$ によって表される主張 $P(n)$ であるとしよう．このような場合，（抽出法よりむしろ）まず帰納法を用いることを考えるとよい．たとえば，

すべての整数 $n \geq 1$ に対して，

$$\sum_{k=1}^{n} k = \frac{n(n+1)}{2}, \qquad \text{ここで，} \sum_{k=1}^{n} k = 1 + 2 + \cdots + n$$

のような場合である．帰納法を用いる場合のキーワードは，「整数」と「1以上の」である．

このような主張を証明するために，$n = 1$ から始めて，1以上のそれぞれの整数に対応する無限に続く主張のリストを作り，それらを別々に証明しようとしたとする．たいてい最初のいくつかの主張は容易に確かめられるが，一般の $n$ 番目以降の主張をどう証明するかが問題になる．上の例では，主張のリストは次のようになる：

$$\mathbf{P(1)}: \quad \sum_{k=1}^{1} k = \frac{1(1+1)}{2}, \quad \text{あるいは} \quad 1 = 1$$

$$\mathbf{P(2)}: \quad \sum_{k=1}^{2} k = \frac{2(2+1)}{2}, \quad \text{あるいは} \quad 1 + 2 = 3$$

$$\mathbf{P(3)}: \quad \sum_{k=1}^{3} k = \frac{3(3+1)}{2}, \quad \text{あるいは} \quad 1 + 2 + 3 = 6$$

$$\vdots$$

$$\mathbf{P(n)}: \quad \sum_{k=1}^{n} k = \frac{n(n+1)}{2},$$

$$\mathbf{P(n+1)}: \quad \sum_{k=1}^{n+1} k = \frac{(n+1)\{(n+1)+1\}}{2} = \frac{(n+1)(n+2)}{2}$$

$$\vdots$$

帰納法は，このように無限に続く一連の主張がいずれも真であることを証明するための巧妙な方法である．帰納法を，$P(1)$ から始めて主張のリストに沿って一つ一つ順に証明しながら進んでいくような証明マシンと考えてみよう．このマシンは次のような働きをする．

まず，$P(1)$ が真であることを証明して，マシンを始動させる．この段階は上の例では容易にできる．次に $P(1)$ をマシンに入力する．マシンはそれが真であることを使って $P(2)$ が真であることを自動的に証明してくれる．今度はその $P(2)$ をマシンに入力する．マシンは $P(2)$ が真であることを使って $P(3)$ が真であることを証明してくれる．証明はこのようにして続いていく（図 12.1 参照）．

ここで注意すべきことは，$P(n+1)$ が真であることを証明しようとするときには，その前の段階ですでに $P(n)$ が真であることを証明していることである．したがって，このマシンを設計する際は，$P(n)$ が真であると仮定することができて，そのとき $P(n+1)$ も真であることを明らかにすればよい．帰納法による証明は以下の二つのステップとしてまとめられる．

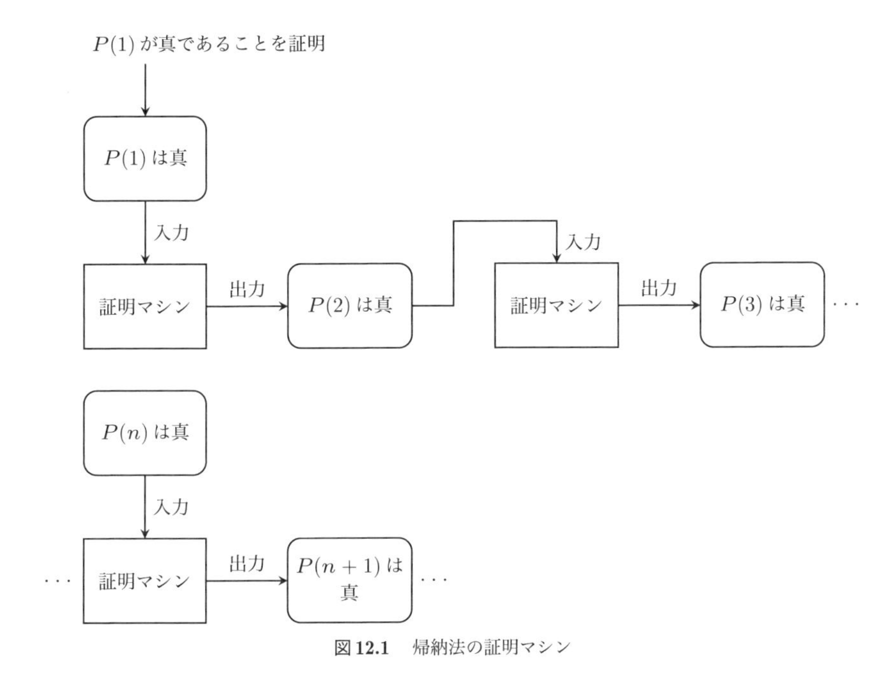


図 12.1　帰納法の証明マシン

### 帰納法による証明のステップ

1. $P(1)$ が真であることを確認する．

2. $P(n)$ が真であるという仮定を用いて，$P(n+1)$ が真であることを証明する．

この二つの証明ステップを実行できたならば，無限に続くリスト上の主張を自ら一つ一つ証明せずにすむ．なぜならそうした能力のあるマシンをもっているからである．

ステップ 1 では，主張 $P(n)$ の中の $n$ をすべて 1 で置き換える．こうして得た主張はたいていわずかな書き換えだけで確認できる．

ステップ 2 はそれよりは難しい．ここでは，$P(n)$ が真であるという仮定を用いて，$P(n+1)$ も真であるという結論に達する必要がある．それには標準的な方法がある．まず証明したい主張である $P(n+1)$ を書き下す．$P(n)$ が真であることを仮定しているので，この仮定が使えるような形に $P(n+1)$ を書き換える必要がある．$P(n)$ が真であるという仮定を**帰納法の仮定** (induction hypothesis) とよぶ．$P(n+1)$ が真であることが証明できれば証明は完結する．帰納法による証明のステップを次の例で見ていこう．

**命題20** すべての整数 $n \geq 1$ に対して，$\displaystyle\sum_{k=1}^{n} k = \frac{n(n+1)}{2}$.

**証明の考え方** 帰納法を用いるときは，まず $P(n)$ を書き下すとよい．この場合は，

$$P(n): \sum_{k=1}^{n} k = \frac{n(n+1)}{2}$$

である．帰納法による証明の最初のステップは $P(1)$ を確かめることである．$P(n)$ の中の $n$ をすべて 1 で置き換えると，

$$P(1): \sum_{k=1}^{1} k = \frac{1(1+1)}{2}$$

が得られるが，少し書き直せば

$$\sum_{k=1}^{1} k = 1 = \frac{1(1+1)}{2}$$

であるから，$P(1)$ が真であることは簡単に確かめられる．この部分はたいていすぐできるので，簡潔な証明では，詳細は省略して単に「$n = 1$ に対しては主張は明らかに真である」と書く．それでも自分の証明を書くときにはこの部分もある程度詳しく書いておくとよい．

ステップ2はそう簡単ではない．$P(n)$ が真であることを用いて，$P(n+1)$ が真であることに到達する必要がある．一番良い方法としては，まず $P(n)$ の中の $n$ をすべて $n+1$ で置き換えて $P(n+1)$ を書き下し，必要ならばさらに式変形して整理することである．この例で言うと，

$$P(n+1): \sum_{k=1}^{n+1} k = \frac{(n+1)\{(n+1)+1\}}{2} = \frac{(n+1)(n+2)}{2}$$

とすることである．$P(n+1)$ が真であるという結論に達するには，$P(n+1)$ の左辺を変形して，右辺のような形を作りたい．そのためには，$P(n)$ が真であるという情報を利用できるように，$P(n+1)$ の式の左辺を $P(n)$ の式の左辺を用いて表すとよい．それができれば $P(n)$ の右辺を代入することができる．この例では，$P(n+1)$ の左辺は

$$\sum_{k=1}^{n+1} k = \left(\sum_{k=1}^{n} k\right) + (n+1)$$

と書き換えられる．これで $P(n)$ が真であるという仮定を用いることができる．$P(n+1)$ の左辺に現れた $P(n)$ の左辺 $\sum_{k=1}^{n} k$ を $n(n+1)/2$ で置き換えることにより，

$$\sum_{k=1}^{n+1} k = \left(\sum_{k=1}^{n} k\right) + (n+1) = \frac{n(n+1)}{2} + (n+1)$$

を得る．あとは，右辺を変形して，$P(n+1)$ の右辺である $(n+1)(n+2)/2$ の形にすればよい．その計算は

$$\frac{n(n+1)}{2} + (n+1) = (n+1)\left(\frac{n}{2}+1\right) = \frac{(n+1)(n+2)}{2}.$$

となる．

帰納法による証明の成功は，$P(n)$ が真であるという帰納法の仮定が使えるように，$P(n)$ と $P(n+1)$ を関係づけることができるか否かにかかっている．それができなければ，別の証明法を考えよう．$P(n)$ と $P(n+1)$ の間の関係さえ見つかれば，帰納法は他のたいていの方法より容易であることがわかるだろう．このことを実感できるように，命題20を帰納法を使わずに証明せよ，という問題を練習問題に入れた．読者の解答と次の簡潔な証明を比べてみてはいかがだろうか．

**命題20の証明**　$n=1$ のときは明らかに成り立つ．$n$ に対して主張が真であると仮定する．すなわち，

$$\sum_{k=1}^{n} k = \frac{n(n+1)}{2}$$

を仮定する．このとき，

$$\begin{aligned}\sum_{k=1}^{n+1} k &= \left(\sum_{k=1}^{n} k\right) + (n+1) = \frac{n(n+1)}{2} + (n+1)\\ &= (n+1)\left(\frac{n}{2}+1\right) = \frac{(n+1)(n+2)}{2}.\end{aligned}$$

よって主張は $n+1$ のときも真であり，証明は完結する．□

帰納法は，主張 $P(n)$ の正しい形を見つけるのには役に立たないことに注意しよう．帰納法は，むしろ主張 $P(n)$ が与えられたときに，ある値以上のすべての整数に対して真であることを証明する技法である．

## 12.2 帰納法の変形版

上述の議論で，帰納法による証明の第2ステップで，$P(n)$ が真であることを用いて $P(n+1)$ が真であることを示した．記号表記の観点から言うと，人によっては，$P(n-1)$ が真であることを仮定して $P(n)$ が真であることを示すこともある．この二つの方法は同じことで，どちらを用いるかは表記法の好みの問題である．重要なことは，無限に続く主張のリストのうち，一般の整数に対する主張が真であると仮定したとき，このリストで次に続く主張も真であることを証明することである．

帰納法を用いるとき，$n$ の最初の値は1である必要はない．たとえば，「5以上のすべての整数 $n$ に対して，$2^n > n^2$」という主張を証明する場合にも，帰納法を用いることができる．変更点は，主張で与えられた最初の $n$ に対して，$P(n)$ が真であることを確かめる部分のみである．この場合は最初の値は $n = 5$ であるから，まず $2^5 > 5^2$ を確かめる（$2^5 = 32, 5^2 = 25$ だから，真である）．帰納法の第2ステップは前節の場合と同様である．ここでも $P(n)$ が真である（すなわち $2^n > n^2$）ならば，$P(n+1)$ も真である（すなわち $2^{n+1} > (n+1)^2$）ことを示す．このとき必要ならば，$n \geq 5$ であることも使うこともできる．

$P(n+1)$ と $P(n)$ の関係を見つけるのが難しい場合は，帰納法による基本的な証明法に別の変更を加えることがある．$P(n+1)$ が，$P(n)$ でなく $n$ より小さいある $j$ に対する $P(j)$ を用いて表されたとしよう．このとき，$P(j)$ が真であると仮定できるとよいのだが，本当にそう仮定できるのだろうか．実際，できるのである．証明マシンの類推による説明を思い出してみよう．図12.1によると，このマシンによって $P(n+1)$ が真であることを証明する段階では，$P(1), P(2), \ldots, P(j), \ldots, P(n)$ がすべて真であることがすでに証明されている．したがって，$P(n+1)$ が真であることを証明するために，$P(n)$ **だけでなくそれに先行するリスト上のすべての主張が真である**と仮定して使うことができる．このような証明法は**累積帰納法** (strong induction) とよばれる．この証明法を次節で説明しよう．

## 12.3　証明の読み方

証明をどう読み解くかを，次の命題を例として説明しよう．

**命題 21**　2 以上のすべての整数 $n$ は，有限個の素数（定義 2，23 ページ参照）の積の形に表せる．

**命題 21 の証明**　（後の解説のために，一区切りずつ改行して番号をつけてある．）

**S1**：$n = 2$ の場合は明らかである．

**S2**：さて，2 以上 $n$ 以下のすべての整数に対して主張が真であると仮定する．すなわち，$2 \leq j \leq n$ のどの整数 $j$ も有限個の素数の積として表されるとする．

**S3**：$n+1$ が素数ならば，主張は $n+1$ に対しても真である．

**S4**：そうでなければ，$1 < p, q < n+1$ を満たす整数 $p, q$ が存在して，$n+1 = pq$ と表せる．

**S5**：帰納法の仮定より，$p$ と $q$ は有限個の素数の積として表される．よって，$n+1$ も有限個の素数の積である．□

### 証明の考え方

**〈S1 の解説〉**　帰納法の最初のステップとして $n$ の最小の値，すなわち $n = 2$ で主張が真であることを述べている．2 は素数なので主張は真である．

**〈S2 の解説〉**　累積帰納法の第 2 ステップで，2 以上 $n$ 以下のすべての整数に対して主張が真であると仮定する．あとは $n+1$ に対しても真であることを示せばよい．

**〈S3 の解説〉**　$n+1$ が素数の場合は，主張は $n+1$ でも明らかに真である．証明は，次に素数でない場合を扱うはずである．

**〈S4 の解説〉**　ここで，$n+1$ が素数でない場合でも真であることを示そうとしている．$n+1$ が素数でなければ，1 より大きく $n+1$ より小さい二つの整数 $p, q$ の積として表されることを用いる．

**〈S5 の解説〉**　帰納法の仮定を $p, q$ に対して用いる．$p, q$ は $2 \leq p, q \leq n$ を満たす整数であるから（$S4$ 参照）仮定を適用できる．これより，$p, q$ はそれぞれ有限個の素数の積として表されるので，$n+1 = pq$ は $p$ を構成する素数と $q$ を構成する素数の有限個の積である．これで，$n+1$ に対しても真であることが示されたので，累積帰納法による証明が完結する．

## まとめ

この章では数学的帰納法を学んだ．証明したい命題が「すべての整数 $n \geq n_0$ に対して $P(n)$」という形で，$P(n)$ は $n$ によって表される主張であるとき，数学的帰納法が有効である．

### 帰納法による証明のステップ

1. $P(n)$ が $n_0$ に対して真であることを示す．
2. $P(n)$ が成り立つと仮定する．
3. $P(n+1)$ を書き下す．
4. $P(n+1)$ と $P(n)$ の関係を見つけて，次に $P(n)$ が真であるという仮定を用いて，$P(n+1)$ が真であることを示す．ここでは，$P(n+1)$ と $P(n)$ の関係を見つけられるかどうかに帰納法の成否がかかっている．

## 練習問題 

注意　以下の各問題では，「証明の考え方」は示さなくてよい．また，他の解答指示がない場合は，帰納法による「簡潔な証明」を作成すること．

**問 12.1**　以下の命題のうち，帰納法を直接用いて証明できるものはどれか．適用できない場合は，その理由を述べよ．

(a)　すべての正の整数 $n$ に対し，$5^n + 2 \times 3^{n-1} + 1$ は 8 で割り切れる．

(b)　0 または正の整数 $n$ で，$2n > n^2$ となるものが存在する．

(c)　すべての正の整数 $n$ に対し，$1 \times 1! + 2 \times 2! + \cdots + n \times n! = (n+1)! - 1$（ここで，$n! = n(n-1)\cdots 1$ である）．

(d)　4 以上のすべての整数 $n$ に対し，$n! > n^2$ である．

(e)　1 以上のすべての実数 $n$ に対し，$n^2 \geq n$ となる．

**問 12.2**　すべての正の整数 $n$ に対し，

$$1 \times 1! + 2 \times 2! + \cdots + n \times n! = (n+1)! - 1$$

となることを，帰納法によって証明せよ．

**問 12.3**　$n$ が整数で $n \geq 5$ のとき，$2^n > n^2$ となることを帰納法によって証明せよ．

**問 12.4** $n$ 個の要素（$n \geq 1$）からなる集合は（空集合を含めて）$2^n$ 個の部分集合をもつことを，帰納法によって証明せよ．

**問 12.5** 命題 20（112 ページ参照）を帰納法を用いずに証明せよ．（また，この証明と帰納法による証明とを比較せよ．）

**問 12.6** 帰納法と抽出法の関連について，次の設問に答えよ：

(a) 抽出法の代わりに帰納法を適用するのはどのような場合か．また，その理由を述べよ．

(b) 全称量化詞を含む主張の標準形

ある性質をもつすべての対象について，あることが成り立つ

で表される主張に対して，一般的には帰納法が適用されない．その理由を述べよ．（ヒント：上記の標準形における対象として，整数ではなく実数の場合は，帰納法の適用はできるのか？）

**問 12.7** 次のそれぞれの型の命題はどれも帰納法の手続きを少し修正したものを用いて証明される．それぞれについてどのように修正すればよいかを述べよ：

(a) ある整数 $n_0$ 以下のすべての整数 $n$ に対して，あること $P(n)$ が成り立つ．

(b) すべての整数に対して，あること $P(n)$ が成り立つ．

(c) すべての正の奇数に対して，あること $P(n)$ が成り立つ．

**問 12.8** 「すべての馬は同じ色をしている」という主張についての次の証明の誤りを（もしあれば）指摘せよ．

〔証明〕 整数 $n$ は馬の頭数を表すとする．$n = 1$ のとき，1 頭の馬はそれが何色であっても同じ色をしているから，明らかに成り立つ．次に，任意の $n$ 頭の馬の群れも同じ色をしていると仮定して，$n + 1$ 頭の馬の群れを考えよう．それらの中から $n$ 頭を取り出すと，帰納法の仮定からそれらは同じ色，たとえば，褐色である．問題は残りの 1 頭であるが，この馬の色を調べるため，最初の $n + 1$ 頭から褐色である 1 頭を除き，この残りの 1 頭を含む $n$ 頭の群れを作ると，帰納法の仮定からこの群れに属する馬は同じ色であるから，この 1 頭も他の馬同様に褐色であることがわかる．よって，$n + 1$ 頭全体が褐色である．□

# 13

# 二者択一法

本章で紹介する**二者択一法** (either/or method) は，「$C$ または $D$ が真である」（ここで $C$ と $D$ は主張とする）のような形で，「または」というキーワードが現れたときに適用できる方法である．このキーワードは，前進過程で現れることも後退過程で現れることもあるので，それぞれに対応した二つの証明法を紹介する．

## 13.1 場合分け法

まず，「($C$ または $D$) ならば $B$」の形で，命題の仮定の部分に「または」というキーワードが現れる場合に用いられる証明法を紹介しよう．前進後退法に従えば，($C$ または $D$) が真であると仮定して，結論の $B$ が真であることを示す必要がある．このとき，$C$ が真であると仮定して推論を進めるべきか，それとも $D$ が真であると仮定すべきか．どちらを仮定すべきか決められないときは，**場合分け法** (proof by cases) を用いればよい．つまり，証明を二回行うのであるが，まず $C$ が真であると仮定して（こちらを便宜上「場合 1」とよぶ），$B$ が真であることを示し，次に $D$ が真であると仮定して（「場合 2」とよぶ），$B$ が真であることを示す．この両方の証明を行えば，$C$ が真でも $D$ が真でもかまわない．$C$ が真ならば「場合 1」の証明に従えばよいし，$D$ が真ならば「場合 2」の証明に従えばよい．

以下で場合分け法による証明の例を見ていくが，証明の途中でどのようにキーワード「または」が現れ，場合分け法につながるかに注意されたい．

**命題 22**　$a$ が負の実数ならば，$\overline{x} = -b/(2a)$ は関数 $ax^2+bx+c$ の**最大点** (maximizer)（この定義については練習問題の問 5.1（56 ページ）参照）である．

**証明の考え方**　命題の仮定にも結論にも何のキーワードも見られないので，前進後退法で証明を始める．後退過程で得られる抽象質問は「ある数（ここでは $\overline{x} = -b/(2a)$）が関数の最大点である（すなわち，$\overline{x} = -b/(2a)$ で関数は最大値をとる）ことを示すにはどうすればよいか？」である．最大点の定義より次のことを示す必要がある．

**B1**：すべての実数 $x$ に対して，$a\overline{x}^2 + b\overline{x} + c \geq ax^2 + bx + c$.

後進過程でキーワード「すべての」が現れたので，抽出法を用いて

**A1**：実数 $x$

を選ぶ．それに対して，

**B2**：$a\overline{x}^2 + b\overline{x} + c \geq ax^2 + bx + c$

を示したい．$B2$ の両辺から $ax^2 + bx + c$ を引き，因数分解すると，

**B3**：$(\overline{x} - x)\{a(\overline{x} + x) + b\} \geq 0$

を得る．$\overline{x} - x = 0$ ならば $B3$ は明らかに真なので，

**A2**：$\overline{x} - x \neq 0$

と仮定しよう．ここで重要なのは，$A2$ を以下のように書き換えるとキーワード「または」が表に現れることである．

**A3**：$\overline{x} - x > 0$ または $\overline{x} - x < 0$ である．

前進過程で「または」が現れたので，ここで場合分け法を用いる．まず $\overline{x} - x > 0$ を仮定して，$B3$ が真であることを証明し，続いて $\overline{x} - x < 0$ を仮定して，$B3$ が真であることを証明する．この二つの証明を以下で行う．

<u>**場合 1**</u>

**A4**：$\overline{x} - x > 0$

を仮定する．$B3$ の両辺を正の数 $\overline{x} - x$ で割ると，

**B4**：$a(\overline{x} + x) + b \geq 0$

となるのでこれを示したい．$\overline{x} = -b/(2a)$ および仮定の $a < 0$ から前向きに進むと，$A4$ より

**A5**：$2ax + b > 0$

を得る．よって，

**A6**： $a(\overline{x}+x)+b = ax+b/2 = (2ax+b)/2 > 0.$

これより $B3$ が真なので，場合 1 は証明終了．

場合 2

**A4**： $\overline{x}-x<0$

を仮定する．$B3$ の両辺を負の数 $\overline{x}-x$ で割ると，

**B4**： $a(\overline{x}+x)+b \leq 0$

を示すことになる．$\overline{x}=-b/(2a)$ および $a<0$ から前向きに進み，$A4$ より

**A5**： $2ax+b<0$

を得る．よって

**A6**： $a(\overline{x}+x)+b = ax+b/2 = (2ax+b)/2 < 0.$

これより $B4$ が真なので場合 2 も証明ができて，証明全体が完結する．

場合 2 の証明は場合 1 とほとんど同じで，いくつか符号が逆になるだけであった．数学者はたいてい証明を二つとも詳細に書くことはしない．むしろ二つが似ていることに気がついたなら，「一般性を失うことなく，場合 1 を仮定する」と述べて，場合 1 について詳しい証明を書き，場合 2 は省略する．言い換えれば，**「一般性を失うことなく…を仮定する」**と書かれていたら，片方の証明だけ詳細を書くという意味であり，もう一方の場合の証明は読者自らが試みて内容を確認する必要があろう．以下の命題 22 の簡潔な証明はそのための練習になるだろう．

**命題 22 の証明**　$x$ を実数とする．(「とする」という表現が抽出法の適用を示している．) $a\overline{x}^2+b\overline{x}+c \geq ax^2+bx+c$ を示すのであるが，これは $(\overline{x}-x)\{a(\overline{x}+x)+b\} \geq 0$ と同値である．$\overline{x}-x=0$ ならば明らかに真なので，$\overline{x}-x \neq 0$ と仮定しよう．すると $\overline{x}-x>0$ または $\overline{x}-x<0$ である．一般性を失うことなく，$\overline{x}-x>0$ と仮定してよい．$a<0$ および $\overline{x}=-b/(2a)$ であるから，$a(\overline{x}+x)+b \geq 0$ を得て証明は完結する．□

## 13.2 部分否定法

本節では，命題の結論に，キーワード「または」が現れる場合を考えよう．すなわち，「$A$ ならば（$C$ または $D$）」のような場合である．前進後退法では，$A$ が真であると仮定して進み，$C$ が真である，または $D$ が真であるという結論に達する必要がある．このとき $C$ が真であることを示すべきか，それとも $D$ が真であることを示すべきか，という問いが生じる．ときには，証明を前向きに進めていくと，「$A1$ または $A2$」という形で，さらにキーワード「または」が現れることがある．ここで場合分け法を用いると，第一の場合は，$A1$ が真であると仮定すると $C$ が真であること，そして第二の場合は，$A2$ が真であると仮定すると $D$ が真であることが示せることがある．この二つのことが示せれば，証明は完結する．さっそく実例を見よう．

**命題 23**　$x^2 - 5x + 6 \geq 0$ ならば，$x \leq 2$（これが $C$）または $x \geq 3$（これが $D$）が成り立つ．

**証明の考え方**　結論にキーワード「または」があるので，前進過程で進み，キーワード「または」が現れるかを見よう．$A$ から因数分解によって，

**A1**：$(x-2)(x-3) \geq 0$

を得る．$A1$ で二つの実数の積が 0 以上になるのは

**A2**：$x - 2 \leq 0$ かつ $x - 3 \leq 0$
　または
　$x - 2 \geq 0$ かつ $x - 3 \geq 0$

のどちらかの場合である．ここでキーワード「または」が前進過程の主張 $A2$ に現れたので，場合分け法を用いる．まず，

**場合 1**　$x - 2 \leq 0$ かつ $x - 3 \leq 0$.

とする．この場合 $x \leq 2$ なので，結論のうちの $C$ が真であることがわかる．次に，

**場合 2**　$x - 2 \geq 0$ かつ $x - 3 \geq 0$.

とする．この場合は $x \geq 3$ なので，結論のうちの $D$ が真であることがわかる．これで証明は完結する．

**命題 23 の証明** $x^2 - 5x + 6 \geq 0$ という仮定より，「$x - 2 \leq 0$ かつ $x - 3 \leq 0$」または「$x - 2 \geq 0$ かつ $x - 3 \geq 0$」である．最初の場合は $x \leq 2$，二番目の場合は $x \geq 3$ なので，結論を得る．□

結論に「$C$ または $D$」の形でキーワード「または」を含む命題の証明には，**部分否定法** (proof by elimination) とよばれる別の方法がある．この方法では，$C$ が真であることを示すか，$D$ が真であることを示すか迷うときに，「$C$ は真ではない」という「追加の仮定」を置いてみる．このとき $D$ が真であることを示すことができれば成功である．このように部分否定法は，$A$ が真であり，$C$ は偽であると仮定して，$D$ が真であるという結論に至る方法である．この方法で命題 23 を証明してみよう．

**証明の考え方** 結論にキーワード「または」があるので，部分否定法で証明を進める．仮定は

**A**： $x^2 - 5x + 6 \geq 0$
および
**A1 (NOT C)**： $x > 2$

の二つである．これを使って

**B1 (D)**： $x \geq 3$

を示したい．因数分解によって，$A$ から前向きに進むと

**A2**： $(x - 2)(x - 3) \geq 0$

を得る．この両辺を $x - 2 > 0$（$A1$ より）で割ると，

**A3**： $x - 3 \geq 0$

となる．$A3$ の両辺に 3 を加えれば $B1$ を得て，証明が完結する．

**命題 23 の証明** $x^2 - 5x + 6 \geq 0$ かつ $x > 2$ と仮定する．このとき，$(x-2)(x-3) \geq 0$ である．$x > 2$ より，$x - 2 > 0$ であるから，$x \geq 3$ しかありえない．□

「$A$ ならば ($C$ または $D$)」を部分否定法で証明するとき，$A$ が真で $D$ は真でないと仮定しても，まったく同じように証明できる．その場合は $C$ が真であるという結論に

至って証明が完結する．読者は命題23をこの方法で証明してみてはいかがだろうか．

## 13.3 証明の読み方

二者択一法を用いた証明を読み解く練習として次の命題を見てみよう．

**命題24** 正の整数$p, b$において，$p$が素数で，$b$は$p$で割り切れないとする．このとき，$p$と$b$の両方が割り切れる整数は1だけである．

**命題24の証明** （後の解説のために，一区切りずつ改行して番号をつけてある．）

**S1**：明らかに，$p$と$b$の両方とも1で割り切れる．
**S2**：そのような整数は1以外にはないことを示すために，整数$d > 0$によって$b$と$p$の両方が割り切れるとする．
**S3**：このとき，$b = kd$となる整数$k$が存在する．
**S4**：$p$が素数で，$p$は$d$で割り切れることから，$d = 1$または$d = p$である．
**S5**：ここで，$d \neq p$である．そうでなければ$b = kp$となり，$b$は$p$で割り切れることになる．
**S6**：ゆえに，$d = 1$である．□

**証明の考え方**

**〈S1の解説〉** 結論に「ただ一つ」というキーワードがあることに気づいて，一意法を用いる．まず，$p$と$b$の両方とも1で割り切れる（1はどのような整数も割り切るので正しい）ことを述べて，両方を割り切る数が存在することを示している．

**〈S2の解説〉** ここでは直接一意法を用いて，

**A1**：$d > 0$によって$b$と$p$の両方が割り切れる

と仮定する．直接一意法の証明を完結させるには，二つの数$d$と1が等しいことを示す必要があり，これは

**B1**：$d = 1$

を示すことである．実際，$S6$でこの結論に達している．

**〈S3の解説〉**　$b$が$d$で割り切れる（$A1$より）ことの定義を用いて前向きに進むと

**A2**：$b = kd$となる整数$k$が存在する．

を得る．

**〈S4の解説〉**　$p$が素数であるという仮定と，素数の定義より前向きに進んで

**A3**：$p$を割り切る正の整数は1と$p$のみである．

を得る．これを次のように言い換える．

**A4**：$p$を割り切るすべての正の整数$a$について，$a = 1$または$a = p$である．

この形から前進過程でキーワード「すべての」が現れたことがわかる．そこで$A4$に特殊化を行って，$a = d > 0$とすると，この数によって$p$は割り切れる（$A1$より）．この特殊化の結果は$S4$で述べているように

**A5**：$d = 1$または$d = p$

となる．

**〈S5の解説〉**　$A5$にキーワード「または」が現れたので，場合分け法を用いて，まず$d = p$の場合を考えるが，背理法によりこれはありえないことを示す．すなわち，$d = p$を$A2$に代入すると，$b = kp$となる．このことは定義より$b$が$p$で割り切れることを意味し，$b$は$p$で割り切れないという仮定と矛盾する．

**〈S6の解説〉**　$A5$の中の$d = p$の場合を否定したので，$S6$の$d = 1$の場合が残るが，これは$B1$と一致し，直接一意法による証明が完結した．

## まとめ

二者択一法は，前進過程または後退過程で，「または」というキーワードが現れたときに用いられる．

「($C$ または $D$) ならば $B$」のように，仮定に「または」があるときには，前進過程で場合分け法を用いる．このとき，下記の二通りの証明をする．

場合1　「$C$ ならば $B$」を証明する．
場合2　「$D$ ならば $B$」を証明する．

「$A$ ならば ($C$ または $D$)」のように，結論に「または」があるときには，後退過程で部分否定法を用いる．

1. $A$ かつ NOT $C$ が真であると仮定する．
2. $D$ が真であることを示すために，$A$ および NOT $C$ から推論を前向きに進める．
3. $D$ から推論を後ろ向きに進める．

($A$ かつ NOT $D$ を仮定して $C$ が真であることを示してもよい．)

部分否定法では，「($A$ かつ (NOT $C$)) ならば $D$」か「($A$ かつ (NOT $D$)) ならば $C$」のどちらか片方を証明すれば十分であるが，場合分け法では二つの証明が必要である．

## 練習問題

注意　証明はすべて「証明の考え方」と「簡潔な証明」とを併記すること．

**問 13.1**　「実数 $x$ が $x^3 + 3x^2 - 9x - 27 \geq 0$ を満たすならば，$|x| \geq 3$」という命題について，次の設問に答えよ．

(a)　この命題を，絶対値を用いないで，「$A$ ならば ($C$ または $D$)」の形に書き換えよ．

(b)　設問 ($a$) で書き換えた命題を，$A$ と NOT $C$ が真であると仮定して証明せよ．

**問 13.2**　問 13.1 の設問 (b) において，$A$ と NOT $D$ が真であると仮定して証明せよ．

# 14

# 最大最小の証明法

本書で読者が最後に学ぶ証明法は**最大最小の証明法** (max/min method) で，実数の集合の最大の要素，最小の要素に関する問題に対して用いられる方法である．実数の集合の中には最大の要素も最小の要素ももたないものがあることに注意しよう．たとえば，$\{$ 実数 $s\ :\ 0 < s < 1\}$ がその例である．しかし，ここでは $S$ は空ではない実数の集合で，最小の要素 $x$ と最大の要素 $y$ をもつとしよう．これらを $x = \min\{s : s \in S\}$, $y = \max\{s : s \in S\}$ のように表す．その定義は，$x$ と $y$ は $S$ の要素で，どの $s \in S$ に対しても $s \geq x$ および $s \leq y$ が成り立つことである．

## 14.1 最大最小の証明法の使い方

$\{$ 実数 $s\ :\ 0 \leq s \leq 1\}$ のような集合に対しては，最小の要素 $(x = 0)$ と最大の要素 $(y = 1)$ はすぐにわかる．ときには，ある要素 $x \in S$ が $S$ の最小の要素であるか否かの証明が必要になることがあるが，定義より

$x = \min\{s : s \in S\}$ と，「どの要素 $s \in S$ に対しても，$s \geq x$」は同値である．

第 8 章の否定の作り方によって，この定義の否定を作ると

$x \neq \min\{s : s \in S\}$ と，「ある要素 $s \in S$ が存在して，$s < x$」は同値である．

このように集合の**最大値** (maximum)，**最小値** (minimum) を扱うことは，量化詞「存在する」，「すべての」を扱うことでもある．実際，最大最小の証明法の基本方針は，与えられた主張を量化詞を含む同値な主張に書き換えることであり，そうすればその量化詞の種類に応じて，抽出法，構成法，特殊化などの適切な方法を使うことができる．

この書き換えはどのように行ったらよいだろうか．与えられた実数 $z$ に対して集合 $S$ がどのような位置関係（図 14.1 参照）にあるかを知りたいとしよう．

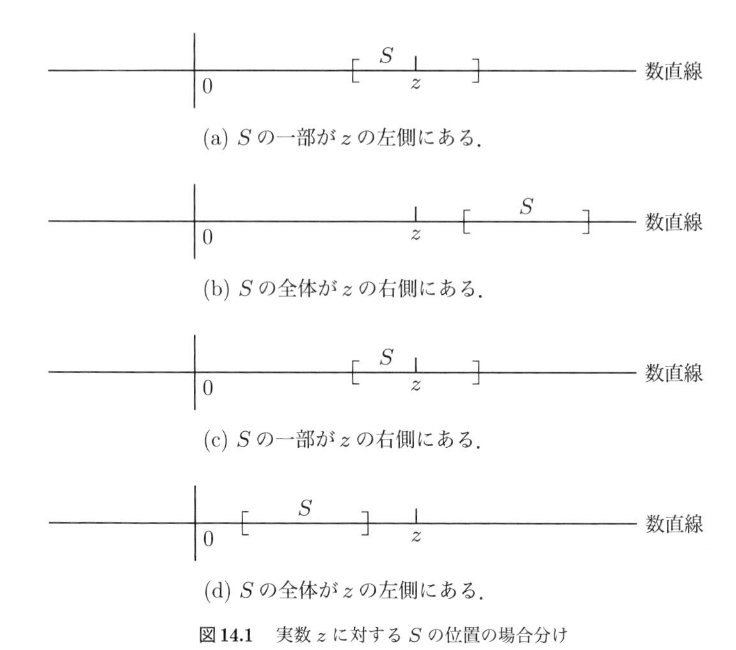


**図 14.1** 実数 $z$ に対する $S$ の位置の場合分け

たとえば，以下の主張のどれかを証明したいとする．

| 主張 | 数学的な書き方 | 対応する図 |
|---|---|---|
| 1. $S$ の一部が $z$ の左側にある． | $\min\{s : s \in S\} \le z$ | 図 14.1(a) |
| 2. $S$ の全体が $z$ の右側にある． | $\min\{s : s \in S\} \ge z$ | 図 14.1(b) |
| 3. $S$ の一部が $z$ の右側にある． | $\max\{s : s \in S\} \ge z$ | 図 14.1(c) |
| 4. $S$ の全体が $z$ の左側にある． | $\max\{s : s \in S\} \le z$ | 図 14.1(d) |

ここでは，最初の二つの主張（つまり上表における主張 1 と 2）を量化詞を含む形に書き換える方法を扱い，残りは読者の演習としよう．

そこでまず $S$ の最小の要素が $z$ 以下であることの証明を考えよう．量化詞を含む同値な主張は，上の主張 1 から得られる．$S$ の要素の**あるもの**は $z$ の左にあるはずだから，「要素 $s \in S$ で $s \le z$ となるものが存在する」ことを示す必要がある．このことは次のように構成法を用いて示すことができる．

**命題 25** $a, b, c$ は実数で $a > 0$ かつ $b \neq 0$ とする．このとき，$\min\{ax^2 + bx + c : x \text{ は実数}\} < c$ である．

**証明の考え方**　$B$ の形から最大最小の証明法を用いる．上に述べた方法で主張 $B$ を書き換えると

**B1**：ある実数 $x$ が存在して，$ax^2 + bx + c < c$ を満たす

を得て，この不等式の両辺から $c$ を引くと，同値な主張である

**B2**：ある実数 $x$ が存在して，$ax^2 + bx = x(ax + b) < 0$ を満たす

ことを示すことになる．この形になれば，構成法を用いて候補となる実数 $x$ を構成すればよいことは明らかである．

ここで前進過程に移ると，$b \neq 0$ なので

**A1**：$b < 0$ または $b > 0$

である．ここで現れた「または」というキーワードから，場合分け法によって証明すればよいことがわかる．

場合 1　$b < 0$ とする．

この場合，仮定より $a > 0$ なので，

**A2**：$-b/a > 0$.

よって，$x$ として $-b/a > x > 0$ を満たす任意の実数をとれば，$B2$ が真となる．なぜならば

**A3**：$x(ax + b) < 0$　　($x > 0$ と $ax + b < 0$ より)

となるからである．

場合 2　$b > 0$ とする．

この場合，仮定より $a > 0$ なので，

**A4**：$-b/a < 0$.

$x$ として $-b/a < x < 0$ を満たす任意の実数をとれば，$B2$ が真となる．なぜならば

**A5**：$x(ax + b) < 0$　　($x < 0$ と $ax + b > 0$ より)

となるからである．これで場合分け法による証明，さらには全体の証明が完結する．

**命題25の証明** ある実数$x$が存在して，$ax^2+bx+c<c$を満たすことを示す．これが示されれば，$\min\{ay^2+by+c : y は実数\} \le ax^2+bx+c<c$（これは最大最小の証明法である）となるからである．そのために，$b<0$と仮定しても一般性を失わない（ここで場合分け法を用いている）．このとき，$a>0$であるから$-b/a>x>0$を満たす任意の実数$x$は$ax^2+bx+c<c$を満たす．よって，証明は完結した．□

次に，$S$の最小の要素が$z$以上であることを示す問題を考えると，アプローチの方法は少しだけ異なる．前掲の表（128ページ参照）の主張2を考えよう．$S$のすべての要素が$z$の右側にあるのだから，示すべき同値な主張は「$S$のどの要素$s$に対しても，$s \ge z$」である．これを示すには抽出法を用いるが，次節で例を用いて説明しよう．

## 14.2 証明の読み方

読者もご存じのように，最大の要素と最小の要素のどちらか，または両方ともももたない集合が存在する．**自然数** (natural number) 全体の集合$\mathbb{N}=\{ 整数 n : n>0\}$の部分集合が最小の数をもつための条件は次の公理で与えられる（第3章で述べたように，公理とは根拠となる証明なしで真であると認める主張である．）

**最小数の原理** (the least integer principle) 正の整数からなる空でない集合は最小の要素をもつ．すなわち，$S$が$\mathbb{N}$の空でない部分集合ならば，要素$x \in S$で，どの$s \in S$に対しても$s \ge x$を満たすものが存在する．

次の命題の証明で最小数の原理の使い方を示そう．読者はどこで最大最小の証明法が使われているか探せるだろうか．

**命題26** $x<y$がどちらも正の実数ならば，有理数$r$で$x<r<y$を満たすものが存在する．

**命題26の証明** （後の解説のために，一区切りずつ改行して番号をつけてある．）

**S1**：$n$を$n(y-x)>1$を満たす正の整数とする．
**S2**：ここで，集合$T=\{ 整数 k>0 : k>nx\}$を考える．

**S3**：明らかに$T \neq \varnothing$であるから，最小数の原理より$T$は最小の要素をもつ．それを$m$とする．

**S4**：$m \in T$であるから，$m > nx$である．次に$m < ny$を示す．

**S5**：仮に$m \geq ny > 1 + nx > 1$であるとしよう．

**S6**：このとき，$m - 1 \in T$である．なぜならば$m - 1 \geq ny - 1 > nx > 0$だからである．

**S7**：$m - 1 < m$であることは$m$が$T$の最小の要素であることと矛盾する．

**S8**：よって，$nx < m < ny$であり，$r = m/n$は$x < r < y$を満たす．したがって，この$r$が求める有理数である．□

### 証明の考え方

**〈S1の解説〉** $n(y - x) > 1$を満たす正の整数$n$を構成する．$y - x > 0$であるから，$1/(y - x)$より大きい整数ならどれも条件を満たす．しかしなぜこのようなことをしているかは読者には明らかではない．その答えを知るには，自分ならどの証明法で証明を始めるか考えてみよう．キーワード「存在する」が結論に含まれているので，この証明は構成法を用いているはずで，有理数$r$で$x < r < y$を満たすものを構成しようとしている．それならば，主張$S1$の中の$n$は有理数$r$の構成に使われるのだろう．有理数の定義により，$r$の分子は整数，分母は0でない整数である．実際，$S8$では$n$を$r$の分母としている．あとは分子となる整数$m$を構成して，$n$と$m$が，必要とされる条件，すなわち$n \neq 0$（これはどこで示しているだろうか？）と$x < r = m/n < y$を満たすことを示せばよい．これを説明している部分が$S2$から$S7$である．

**〈S2の解説〉** 正の整数からなる集合$T$を定義して，有理数$r$の分子となる整数の構成を目指している．

**〈S3の解説〉** 最小数の原理が既知なので，そこから前向きに推論を進めている．このとき，主張に量化詞「すべての」が現れる．そこで，特殊化によって最小数の原理を$T$についての主張とする．「すべての」を含む主張の中の「あること」が成り立つためには，$T$が「ある性質」をもつ，すなわち，空でないことを確かめる必要がある．実際，$T$は空でないと述べている．$nx$より大きい整数ならどれも$T$に属すからである．特殊化の結果として$T$の最小の要素$m$の存在がわかる．$S8$を見るとこの$m$が$r$の分子になって，$r = m/n$を構成している．構成法を完成させるには$x < r < y$を示す

必要がある．それを示す部分が$S4$から$S7$である．

**〈S4の解説〉** $m$は$T$の最小の要素なので$m \in T$が成り立つ．$T$の定義（$S2$参照）より，$m > nx$である．このことは$S4$で述べている．「次に$m < ny$を示す」と述べているが，なぜこれを示すかは$S8$で明らかになる．実際，$nx < m < ny$ならば，$n > 0$で各辺を割ることにより，望む結論$x < m/n < y$を得る．

**〈S5の解説〉** ここでは$m < ny$を示すために背理法を用いる．すなわち，$m \geq ny$を仮定する．$S1$から直ちに$ny > 1 + nx$を得る．最後の不等式$1 + nx > 1$が成り立つのは，$nx > 0$だからである．のちにこれらの不等式を使って矛盾を導く．読者はどのような矛盾が導かれるか見当がつくだろうか．

**〈S6の解説〉** ここでは矛盾を導きたいので，$m - 1 \in T$を示そうとしている．そのために，$m - 1$が$T$の定義の条件，すなわち，$m - 1 > 0$と$m - 1 > nx$を満たすことを確かめる．$m \geq ny$（$S5$で仮定した）より，$m - 1 \geq ny - 1$である．最後に$S1$から簡単な計算により$ny - 1 > nx$を得る．$nx > 0$も確認している．

**〈S7の解説〉** ここでようやく矛盾に行きあたるのだが，それを最大最小の証明法によって示す．この場合は，最大最小の証明法に従うと，$m = \min\{t : t \in T\}$であることから，すべての$t \in T$に対して$t \geq m$となる．しかしこの主張は真ではない，すなわち，ある要素$t \in T$で$t < m$となるものがあることを示す．ここでは構成法を用いて，整数$t = m - 1 \in T$を構成した（$S6$参照）．これは明らかに$m$より小さい．矛盾が生じたので$m < ny$が証明された．

**〈S8の解説〉** この部分で，有理数$r = m/n$の構成が完成する．しかしまだ$r$が条件を満たすこと，すなわち，$n \neq 0$および$x < r < y$の確認が残っている．実際，$n$は$S1$で$n > 0$となるように選んでいるので$n \neq 0$である．$x < r < y$に関しては，$S4$とそれに続く背理法の証明（$S5, S6, S7$）で$nx < m < ny$を得ている．$S8$で述べているように，$n > 0$で割れば$x < m/n = r < y$を得て，証明は完結する．

## まとめ

最大最小の証明法は，集合の最大または最小の要素が，ある定まった数以上または以下であることを示したいときに用いられる．そのためにまず主張を量化詞を含む同値な主張に書き換える．それから，量化詞が前進過程で現れたか，後退過程で現れたかによって，抽出法，構成法，特殊化などのうち適切な証明法を選べばよい．

## 練習問題

注意　証明はすべて「証明の考え方」と「簡潔な証明」とを併記すること．

**問 14.1**　次の最大最小問題を，適切な量化詞を用いて書き換えよ．ただし，$S$ はある実数の集合，$z$ は与えられた実数とする．

(a)　$\max\{\, s : s \in S \,\} \leq z.$

(b)　$\max\{\, s : s \in S \,\} \geq z.$

**問 14.2**　次の最大最小問題を，適切な量化詞を用いて書き換えよ．ただし，$a, b, c, u$ は与えられた実数，$x$ は実変数とする．

(a)　$\min\{\, cx : ax \leq b$ かつ $x \geq 0\} \leq u.$

(b)　$\max\{\, cx : ax \leq b$ かつ $x \geq 0\} \geq u.$

(c)　$\min\{\, ax : b \leq x \leq c \,\} \geq u.$

(d)　$\max\{\, ax : b \leq x \leq c \,\} \leq u.$

**問 14.3**　$S$ と $T$ は実数の集合で，$S$ は最小の要素をもち，$S \subset T$ であり，さらに，$t^*$ は実数で，どの要素 $t \in T$ に対しても $t \geq t^*$ を満たすとする．このとき，$\min\{\, s : s \in S \,\} \geq t^*$ であることを証明せよ．

**問 14.4**　$a, b, c$ は与えられた実数，$x, u$ は実変数とするとき，

$$\min\{\, cx : ax \geq b,\ x \geq 0 \,\} \geq \max\{\, ub : ua \leq c,\ u \geq 0 \,\}$$

を証明せよ．

# 15

# まとめ

前章をもって証明法のリストは完成した．本書で紹介したものは証明法のすべてではないが，最も基本的なものは網羅している．数学をさらに学んでいけば，きっと別の証明法に出会うであろうし，自分独自の証明法を考え出すこともあるだろう．いずれにしても，経験によって修得できるさまざまな巧みな手段や秘訣がある．ここで「$A$ ならば $B$」という命題を証明するためのそれぞれの証明法を，いつどのように使うとよいかをまとめておこう．

## 15.1 前進後退法

前進後退法では，$A$ が真であると仮定して，$B$ が真であることを証明することを目指す．前進過程によって，$A$ が真であると仮定した結果，必然的に真になるような一連の主張 $A1, A2, \ldots, An$ が導かれる．これらの一連の主張がどこへ向かえばよいかは，後退過程によって決められる．後退過程では，結論 $B$ に対する抽象質問を立て，それに答えることにより，新しい目標となる主張 $B1$ を導くのであるが，それは，$B1$ が真であることから $B$ が真であることが結論されるようなものである．次に，この $B1$ に後退過程を適用して，新しい主張 $B2$ を導き，…と同様に続ける．目標は，後退過程の最後に得られた主張とまったく同じ主張を，前進過程で導き出すことによって，前進過程で得られた前向きの主張リストと，後退過程で得られた後ろ向きの主張リストをつなぐことである[25]．そうすれば，主張 $A$ から主張 $B$ に至る一連の主張のリストに沿って前向きに推論を進めることによって，ドミノ倒しのように証明を完成することができる．

## 15.2 構成法

一連の主張を得るときは，新しい主張が得られるごとに現れる量化詞に注意しよう．

[25] 訳注：前向きおよび後ろ向きの各主張リストをつなぐことのイメージは第2章の表2.1および図2.2を参照されたい．

量化詞が現れたならば，構成法，抽出法，特殊化またはこれらの組み合わせが使える可能性がある．たとえば，後進過程で，量化詞「存在する」が

**ある性質**をもつ**対象**が存在して，それについて**あることが成り立つ**

という標準形で現れたら，構成法を用いて，実際にそのような対象を見つけることを考えるとよい．構成法では，$A$が真であるという仮定から前向きに進んで望ましい対象を構成する（実際に作ってみせるか，あるいは作るためのアルゴリズムを示すなど）．この場合証明すべきことは，構成したものが「ある性質」をもち，「あることが成り立つ」ことである．

## 15.3 抽出法

後退過程で，量化詞「すべての」が

**ある性質**をもつすべての**対象**について，**あることが成り立つ**

という標準形で現れたら抽出法を用いることを考えるとよい．

「ある性質」をもつ一般の対象について「あることが成り立つ」ことを証明できるような証明のモデルを設計することが目標となる．それができれば，「ある性質」をもつそれぞれの対象について，理論上同じ証明が繰り返し使えるということになる．そのため，まず「ある性質」をもつ対象を一つ取り出し，それに対して，「あることが成り立つ」という結論を導く必要がある．一つ対象を取り出したら，あとは，それが「ある性質」をもつこと（および$A$のもつ情報）から前向きに進み，また，「成り立つこと」から後ろ向きに進めばよい．

## 15.4 特殊化

前進過程で量化詞「すべての」が

**ある性質**をもつすべての**対象**について，**あることが成り立つ**

という標準形で現れたときは，特殊化を用いることを考える．まず「ある性質」をもつ対象の中の一つに注目する．特殊化によって，その特定の対象について「あることが成り立つ」ことが前進過程の新しい主張となる．この主張が真であることは，$B$が真であるという結論に到達するうえで役立つはずである．特殊化を用いるときは，注

目する特定の対象が「ある性質」を満たすことを確かめる必要がある．それではじめて「あることが成り立つ」と結論することができるからである．

主張が複数の量化詞，すなわち，入れ子の量化詞を含んでいるときは，主張の中で文頭に現れたものから順に扱う．最初の量化詞について，対象，性質，および，成り立つことを判別する．それから，量化詞を含む主張が前進過程で現れたかそれとも後退過程で現れたか，また，量化詞が「存在する」か「すべての」かに応じて適切な証明法を選ぶ．このプロセスを最初の量化詞から最後の量化詞まで順に行う．

## 15.5　背理法

結論 $B$ が「…ない」というキーワードを含んでいるか，前進後退法で証明がうまくいかないときは背理法を用いるとよい．この証明法では，$A$ が真であることに加えて $B$ が偽であると仮定する．この二つの仮定から出発して，明らかに真であることと矛盾する結論を導く．その矛盾がどこで生じるかははじめから見通せないこともあるが，$A$ と NOT $B$ から前向きに推論を進めることによって導かれる．

## 15.6　対偶法

背理法で証明ができない場合は，まだ対偶法という望みがある．対偶法を用いる場合は，まず主張 NOT $A$ と主張 NOT $B$ を第 8 章の否定の作り方に従って書き表す．それができたら，NOT $B$ が真であると仮定して，NOT $A$ が真であることを導くのであるが，そのためには NOT $B$ から前向きに進み，NOT $A$ から後ろ向きに進む前進後退法を用いるのが最適である．この場合も前進過程や後退過程で現れる量化詞に注意しよう．現れる量化詞に応じて，構成法，抽出法，特殊化またはそれらの組み合わせを使える可能性がある．

## 15.7　一意性の証明法

「ある性質をもつ対象がただ一つ存在して，それについてあることが成り立つ」という形の主張に出会ったら，一意性の証明法を用いる．このような主張が前進過程で現れた場合は，以下の前進一意法による：

1. 「ある性質」をもつ対象 $X$ が存在して，それに対して「あることが成り立つ」と仮定する．
2. もう一つの対象 $Y$ で「ある性質」をもち，それに対して「あることが成り立つ」ものを見つける．すると，前進過程の新しい主張として，$X$ と $Y$ は同一のものである，すなわち，$X = Y$ と書くことができる．この主張は，結論 $B$ が真であることを示すのに役立つはずである．

「ある性質をもつ対象がただ一つ存在して，それについてあることが成り立つ」という形の主張が後退過程で現れた場合は，後退一意法を用いる．それには二つのステップがある：まず，そのようなものが一つはある（それを $X$ としよう）ことを示し，次に一つしかないということを示す．最初の部分は構成法か背理法を用いるとよい．後半は二つの方法がある．直接一意法では，(1) $X$ のほかに，$Y$ も「ある性質」をもち「あることが成り立つ」対象であると仮定し，(2) $X$ と $Y$ の性質と仮定 $A$ を用いて，$X$ と $Y$ は同一のものであること（すなわち，$X = Y$）を示す．一方，間接一意法では，(1) $Y$ は $X$ とは異なる，「ある性質」をもち「あることが成り立つ」対象であると仮定し，(2) $X$ と $Y$ の性質と，これらが異なること，および仮定 $A$ を用いて，矛盾を導く．

## 15.8 帰納法

結論 $B$ が

ある整数以上のすべての整数 $n$ に対して，命題 $P(n)$ が成り立つ

という形のときは，（抽出法よりもまず）帰納法を用いることを考えるとよい．帰納法の第1ステップは，証明すべき $n$ の最初の値に対して $P(n)$ が真であることを確かめることである．第2ステップでは，$P(n)$ が真ならば $P(n+1)$ も真であることを示す．帰納法による証明の成否は，$P(n)$ が真であるという仮定を使えるように $P(n+1)$ と $P(n)$ を関係づけられるか否かにかかっている．つまり，帰納法の第2ステップで，主張 $P(n)$ の中の $n$ をすべて $n+1$ に置き換えて $P(n+1)$ を書いたとき，$P(n+1)$ を $P(n)$ を用いて表せるかを考えるということである．それができてはじめて，$P(n)$ が真であるという仮定を用いて $P(n+1)$ も真であることを示すことができる．

## 15.9 二者択一法

キーワード「または」が前進過程で「($C$ または $D$) ならば $B$」という形で現れたときには，場合分け法を用いる．この方法では二つの証明を行うことになる．まず，$C$ が真であると仮定して $B$ が真であることを示し，次に，$D$ が真であると仮定して $B$ が真であることを示す．

キーワード「または」が後退過程で，「$A$ ならば ($C$ または $D$)」という形で現れたときには，部分否定法を用いる．$A$ が真で $C$ が偽であること（すなわち，$A$ かつ NOT $C$）を仮定して，$D$ が真であることを示す．それには前進後退法が最適である．代わりに，$A$ と NOT $D$ が真であることを仮定して，$C$ が真であることを示してもよい．

## 15.10 最大最小の証明法

ある実数の集合の最小（または最大）の要素が，ある特定の実数値以下（または以上）であるという主張に対しては，最大最小の証明法を用いる．まず，主張を「すべての」と「存在する」のうち適切な量化詞を含む同値な主張に書き換える．それができたら，抽出法，構成法，特殊化を用いればよい．

## 練習問題

**注意** 証明はすべて「証明の考え方」と「簡潔な証明」とを併記すること．

**問 15.1** 次の各主張に対し，どの証明法を用いて証明を始めるかを述べ，また，その理由を説明せよ．

(a) $p$ と $q$ を奇数とするとき，$x$ の方程式 $x^2 + 2px + 2q = 0$ は有理数の解をもたない．

(b) $n \geq 4$ であるすべての整数 $n$ に対し，$n! > n^2$ が成り立つ．

(c) $f$ と $g$ が凸関数ならば，$f + g$ も凸関数である．

(d) $a, b, c$ を実数の値をとる変数とするとき，条件 $a^2 + b^2 + c^2 = 1$ のもとで，$ab + bc + ca$ の最大値は 1 以下である．

(e) 平面内で，与えられた直線 $L$ 上の点 P を通って，$L$ に垂直な直線がただ一つ存在する.

(f) 二つの関数 $f$ と $g$ が，(1) すべての実数 $x$ に対して $f(x) \leq g(x)$，(2) 実数 $M$ で，すべての $x$ に対して $f(x) \leq M$ となるものは存在しない，という二つの条件を満たすとする．このとき，$g(x) \leq M$ がすべての $x$ に対して成り立つような実数 $M$ は存在しない.

(g) 関数 $f$ と $g$ が点 $x$ で連続ならば，$f + g$ も $x$ で連続である.

(h) 関数 $f$ と $g$ が点 $x$ で連続ならば，すべての実数 $\varepsilon > 0$ に対し，ある実数 $\delta > 0$ が存在して，$|x - y| < \delta$ であるようなすべての実数 $y$ に対して，$|f(x) + g(x) - (f(y) + g(y))| < \varepsilon$ となる.

**問 15.2** 「$n \geq 4$ であるすべての整数 $n$ に対し，$n! > n^2$」という主張を次に挙げた方法によって証明するとすれば，それぞれどのように使うことになるか．何を仮定し，何を導くのかを述べて，説明せよ.

(a) 帰納法

(b) 抽出法

(c) 前進後退法（ヒント：問題を，これと同値で「…ならば，…である」の形に書き換えよ.）

(d) 背理法

# 付録 I

# 離散数学からの証明の例

**離散数学** (discrete mathematics) は，それ以上分けられない有限個の部分からなる対象を扱う問題の解決技法の研究分野である．この付録の目的は離散数学の解説をすることではなく，この分野に関する命題の証明例の紹介を通して，本書で学んださまざまな証明法がどのように用いられているかを具体的に示すことにある．また，読者は教科書や数学の文献にあるような証明の読み解き方も学べるであろう．読者には集合と関数に関する初歩的知識を前提としているが，この付録を理解するうえで必要となることがらはすべてこの付録の中で説明している．

## I.1 集合論の例

**集合** (set) とはものの集まりで，一つ一つのものを**集合の要素（元）** (element of the set) とよぶ．たとえば，次の集合は 70, 75, 85 という要素からなる：

$$S = \{70, 75, 85\}.$$

記号については，$S$ の要素 $x$ を $x \in S$ と表し，$x \notin S$ は $x$ が $S$ の要素ではないことを意味する．集合の要素となりうるものすべての集まりを**全体集合** (universal set) という．たとえば，試験の点数を考えるなら，全体集合は $U = \{0, 1, \ldots, 100\}$ である．また，**空集合** (empty set) は要素を一つももたない集合で，$\varnothing$ という記号で表される．

同じ全体集合から要素をとって作られた二つの集合は，次のように比べることができる：

**定義 18**　集合 $A$ が集合 $B$ の**部分集合** (subset) であるとは，すべての $x \in A$ に対して $x \in B$ が成り立つことである．このことを $A \subseteq B$（または $A \subset B$）と表す．

**定義 19**　集合 $A$ が集合 $B$ と**等しい** (equal) とは，$A \subseteq B$ かつ $B \subseteq A$ が成り立つことであり，$A = B$ と表す．

すでに定義されている集合をもとに新しい集合を作ることもできる．以下で，$U$ は全体集合とする．

**定義 20**　集合 $A$ の**補集合** (complement) とは，集合 $A^c = \{x \in U : x \notin A\}$ のことである．

**定義 21**　二つの集合 $A, B$ の**和集合** (union) とは，集合 $A \cup B = \{x \in U : x \in A$ または $x \in B\}$ のことである．

**定義 22**　二つの集合 $A, B$ の**共通部分** (intersection) とは，集合 $A \cap B = \{x \in U : x \in A$ かつ $x \in B\}$ のことである．

## 証明の書き方

上で定義した概念が実際の証明でどのように使われるかを見ていこう．以下の例において，主張の形が，それに適した証明法をどのように示唆するかに特に注意を払っていただきたい．

**命題 27**　$A, B, C$ を集合とするとき，$A \cup (B \cap C) = (A \cup B) \cap (A \cup C)$ が成り立つ．

**証明の考え方**　命題の仮定にも結論にも「存在する」，「すべての」，「…ない」などのキーワードが入っていなければ，前進後退法（第2章参照）で取りかかるとよい．結論に関する抽象質問は「ある集合（ここでは $A \cup (B \cap C)$）が別の集合（ここでは $(A \cup B) \cap (A \cup C)$）と等しいことを示すにはどうしたらよいか？」である．集合が等しいことの定義（定義19）より，以下を示すことが答えになる．

**B1**：$A \cup (B \cap C) \subseteq (A \cup B) \cap (A \cup C)$ かつ $(A \cup B) \cap (A \cup C) \subseteq A \cup (B \cap C)$.

ここでは $B1$ の最初の主張だけ証明する．二番目の主張の証明は演習として読者にまかせよう．$B1$ の最初の主張に関する抽象質問は「ある集合（ここでは $A \cup (B \cap C)$）がもう一つの集合（ここでは $(A \cup B) \cap (A \cup C)$ ）の部分集合であることを示すにはどうしたらよいか？」である．部分集合の定義（定義18）より，次のことを示せばよい．

**B2**：すべての要素 $x \in A \cup (B \cap C)$ に対して，$x \in (A \cup B) \cap (A \cup C)$ が成り立つ．

ここで，$B2$の中にキーワード「すべての」があることに気づいて，抽出法（第5章参照）を用いることにする．この方法に従うと，「$x \in A \cup (B \cap C)$とする．このとき，$x \in (A \cup B) \cap (A \cup C)$を示す」と始めればよいので

**A1**：要素$x \in A \cup (B \cap C)$

を選ぶ．それに対して，

**B3**：$x \in (A \cup B) \cap (A \cup C)$

を示す．

抽出法で証明を完成させるには$A1$から前向きに推論を進め，$B3$から後ろ向きに進めればよい．そこで，$B3$に関する抽象質問は「ある要素（ここでは$x$）が二つの集合（ここでは$A \cup B$と$A \cup C$）の共通部分に属することを示すにはどうすればよいか？」である．その答えは定義22より，

**B4**：$x \in A \cup B$かつ$x \in A \cup C$

を示すことである．

$B4$の二つの主張は，$A1$で選んだ要素$x$が$A$と$B \cap C$という二つの集合の和集合に属するという主張から前向きに進むと証明できる．二つの集合の和集合の定義（定義21）より，$A1$は

**A2**：$x \in A$または$x \in B \cap C$

と言い換えられる．

ここで，前進過程で得られた$A2$の中の「または」というキーワードに着目すると，場合分け法（13.1節参照）が適切だとわかる．この方法では，まず$x \in A$を仮定して$B4$が真であることを示し，次に$x \in B \cap C$を仮定して示す．これらを以下で場合1，場合2とする．

**場合1**　$x \in A$とする（この$x$に対して$B4$が真であることを以下で示す）．

$x \in A$ならば，当然ながら$x \in A$または$x \in B$は真であり，すなわち$x \in A \cup B$である．これは$B4$の最初の主張である．同様に，$x \in A$ならば，$x \in A$または$x \in C$であり，$x \in A \cup C$である．これは$B4$の第二の主張である．これで$x \in A$のとき

$B4$が真であることが示された．残るのは次の場合である．

**場合2** $x \in B \cap C$とする（この$x$に対して$B4$が真であることを示す）．

$x \in B \cap C$から前向きに推論を進めて，共通部分の定義22より，$x \in B$かつ$x \in C$となる．さて，$x \in B$ならば，$x \in A$または$x \in B$であり，したがって定義21より$x \in A \cup B$である．同様に，$x \in C$ならば，$x \in A$または$x \in C$なので，定義21より$x \in A \cup C$である．よって，$x \in B \cap C$のとき$B4$が真であることが証明された．

これで場合分け法による証明は完結して，$A \cup (B \cap C) \subseteq (A \cup B) \cap (A \cup C)$が証明されたことになる．まだ$B1$の$(A \cup B) \cap (A \cup C) \subseteq A \cup (B \cap C)$の証明が残っているが，これは読者の演習としよう．

**命題27の証明** この命題を証明するには，$A \cup (B \cap C) \subseteq (A \cup B) \cap (A \cup C)$および$(A \cup B) \cap (A \cup C) \subseteq A \cup (B \cap C)$を示せばよい．そのために，$x \in A \cup (B \cap C)$とする．（「とする」という表現が抽出法が使われることを示している．）以下，$x \in (A \cup B) \cap (A \cup C)$を示す．$x \in A \cup (B \cap C)$であるから，定義より，$x \in A$または$x \in B \cap C$である．まず，$x \in A$と仮定しよう．（これは場合分け法の「場合1」にあたる．）このとき，$x \in A$または$x \in B$であり，すなわち$x \in A \cup B$である．同様に，$x \in A$ならば，$x \in A$または$x \in C$であり，すなわち$x \in A \cup C$である．これで$x \in A$ならば$x \in A \cup B$かつ$x \in A \cup C$であること，すなわち$x \in (A \cup B) \cap (A \cup C)$が示された．次に，$x \in B \cap C$の場合（場合2）を考える．このとき$x \in B$かつ$x \in C$である．よって，$x \in A$または$x \in B$なので，$x \in A \cup B$である．同様に，$x \in A$または$x \in C$なので，$x \in A \cup C$である．よって，この場合も$x \in (A \cup B) \cap (A \cup C)$が示された．これで，$A \cup (B \cap C) \subseteq (A \cup B) \cap (A \cup C)$が証明された．$(A \cup B) \cap (A \cup C) \subseteq A \cup (B \cap C)$の証明が残るが，読者の演習とする．□

次に，証明の読み方を見ていこう．

## 証明の読み方

証明を読むことは容易ではない．その理由としては，どの証明法を用いたかが明記されていない，実際は複数の段階を経ている箇所が一つの文にまとめられている，また証明の各ステップの順番は証明を考えた順番とは限らない，などが挙げられる．証明を読むときは，書いた人の思考の過程を再構成する必要がある．つまり，具体的な問題に対して，どの証明法がどのように使われているかを見分ける必要がある．次の例で実際に証明の読み方を見ていこう．

**命題 28**　二つの集合 $A, B$ それぞれを，全体集合 $U$ から要素をとって作られた集合とすると，$(A \cup B)^c = A^c \cap B^c$ である．

**命題 28 の証明**　（後の解説のために，一つの文ごとに改行して行番号をつけている．）

**S1**：まず，$(A \cup B)^c \subseteq A^c \cap B^c$ を示す．
**S2**：そのために，$x \in (A \cup B)^c$ とする．
**S3**：$x \in (A \cup B)^c$ であるから，$x \notin A \cup B$ である．
**S4**：したがって，$x \notin A$ かつ $x \notin B$ であり，すなわち $x \in A^c \cap B^c$ である．
**S5**：$A^c \cap B^c \subseteq (A \cup B)^c$ の証明は読者の演習とする．□

**証明の考え方**

**〈S1 の解説〉**　この主張 $S1$ の文がわかりにくいとしたら，証明を始めるにあたってどの証明法を用いるか明記されていないからである．読者ならどの証明法で始めるかを考えてみよう．命題の仮定にも結論にも「存在する」，「すべての」，「…ない」などのキーワードが見つからなければ，前進後退法で始めるとよい（実際，ここではこの方法を用いている）．後ろ向きに進んで，結論に関する抽象質問「ある集合が（ここでは $(A \cup B)^c$）が別の集合（ここでは $A^c \cap B^c$）に等しいことを示すにはどうしたらよいか？」を立てる．ここで二つの集合が等しいことの定義（定義 19）より

**B1**：$(A \cup B)^c \subseteq A^c \cap B^c$ かつ $A^c \cap B^c \subseteq (A \cup B)^c$

を示せばよいという答えを得る．$B1$ は二つの主張を含むので，$S1$ で，「まず，$(A \cup B)^c \subseteq A^c \cap B^c$ を示す」と述べているのである．$B1$ の第二の主張，すなわち，$A^c \cap B^c \subseteq (A \cup B)^c$ にはこの証明の中のどこで触れているかおわかりだろうか．

**〈S2 の解説〉**　ここでも用いた証明法は明記されておらず，いくつかのステップが省略されているので，読者が補う必要がある．$B1$ の第一の主張から後ろ向きに進むと，抽象質問「ある集合（ここでは $(A \cup B)^c$）が別の集合（ここでは $A^c \cap B^c$）の部分集合であることを示すにはどうすればよいか？」を得る．この問いに定義 18 を用いて答え

ると，次のことを示せばよい．

**B2**：すべての $x \in (A \cup B)^c$ に対して，$x \in A^c \cap B^c$ が成り立つ．

$B2$ の中にキーワード「すべての」があるので，抽出法（第 5 章参照）を使えばよいことがわかり，実際，この証明ではそうしている．まず，主張 $B2$ の中の「対象」（要素 $x$），「ある性質」（$x \in (A \cup B)^c$），「成り立つこと」（$x \in A^c \cap B^c$）を判別してから，

**A1**：要素 $x \in (A \cup B)^c$

を任意に選び，それに対して

**B3**：$x \in A^c \cap B^c$

を示せばよい．（ここで $B2$ の中の一般の対象と，$A1$ で任意に選んだものの両方に対して同じ記号 $x$ を用いているが，これらは異なる意味をもつことに注意しよう．）$S2$ を読み返すと，「$x \in (A \cup B)^c$ とする」とあり，抽出法を用いていることがわかる．この解釈が正しければ，次に $B3$ を示す方向に進んで抽出法の証明が完結するはずである．

**〈S3 の解説〉**　抽出法に従い，$A1$ から補集合の定義（定義 20）を用いて前向きに進むと

**A2**：$x \notin A \cup B$

を得る．目指すところは $B3$ である．

**〈S4 の解説〉**　$A2$ からさらに前向きに進んで主張を書き換える．すなわち，和集合の定義（定義 21）により，$A2$ は NOT ($x \in A$ または $x \in B$) とも表せて，「または」を含む主張の否定の書き方（第 8 章参照）によって，$A2$ から

**A3**：$x \notin A$ かつ $x \notin B$

を得る．さらに，前向きに進んで補集合の定義（定義 20）より

**A4**：$x \in A^c$ かつ $x \in B^c$

を得る．最後に，集合の共通部分の定義（定義 22）を用いて $A4$ から前向きに進み，$S4$ の

**A5**：$x \in A^c \cap B^c$

を得る．$A5$ と $B3$ が一致したので抽出法の証明は完成し，$(A \cup B)^c \subseteq A^c \cap B^c$ を得る．

**〈S5 の解説〉**　$B1$ では，$(A\cup B)^c \subseteq A^c\cap B^c$ と $A^c\cap B^c \subseteq (A\cup B)^c$ の二つを示さなければならなかった．$S4$ で $(A\cup B)^c \subseteq A^c\cap B^c$ を示した．残った $A^c\cap B^c \subseteq (A\cup B)^c$ の証明は読者に委ねられている．

## I.2　関数についての例

関数についてはすでにいくつかの例を見てきた．$f(x) = 2x + 3$ もそうした例である．関数は入力値 $x$ を出力値 $f(x)$ に[26] 変換する．このことを正式に表すと次のようになる．

**定義 23**　二つの集合，**定義域** (domain) $A$ と**終域** (codomain) $B$ が与えられたとき，**関数** (function) $f : A \to B$（「$A$ から $B$ への関数 $f$」と読む）とは，順序対 $(x, f(x))$ の集まりで，それぞれの $x \in A$ に対して $f(x) \in B$ をただ一つ定めるものである．

関数 $f : A \to B$ はそれぞれの入力値 $x \in A$ に対して，出力値 $f(x) \in B$ をただ一つ定めるものである．応用上重要なのは，出力 $f(x)$ が特定の値 $y$ になるような入力値 $x \in A$ を求める問題である．

**$f(x) = y$ を解く問題**　関数 $f : A \to B$ と出力値 $y \in B$ が与えられたとき，$f(x) = y$ となるような入力値 $x \in A$ を求めよ．

まず注意したい点は，与えられた $y$ に対して $f(x) = y$ を満たす $x$ は存在するとは限らないことである．たとえば，$f(x) = x^2$ で定義される関数 $f : \mathbb{R} \to \mathbb{R}$ を考えよう．ここで $\mathbb{R}$ は実数全体の集合である．$y = -1$ に対して，$f(x) = x^2 = -1$ を満たす実数 $x$ は存在しない．この例を念頭に置きながら，以下では，それぞれの $y \in B$ に対して $f(x) = y$ を満たす $x \in A$ がただ一つだけ存在するためには，関数 $f$ と集合 $A$, $B$ がどのような条件を満たせばよいかを明らかにすることを目標とする．そのためにはまず，各 $y \in B$ に対して $f(x) = y$ を満たす $x \in A$ を少なくとも一つ見つけられなけ

[26] 訳注：ここでは入力値も出力値も実数である．

ればならない．そのために次の定義をする．

**定義 24** 関数 $f : A \to B$ が**全射** (surjection) あるいは**上への** (onto) 関数であるとは，それぞれの要素 $y \in B$ に対して，$f(x) = y$ となるような要素 $x \in A$ が存在することである．

定義 24 は $f(x) = y$ となる入力値 $x \in A$ の存在を保証しているが，それが一つに決まることまでは保証していない．そこでさらに次の定義をする．

**定義 25** 関数 $f : A \to B$ が**単射** (injection) あるいは **1 対 1 の** (one-to-one) 関数であるとは，$u \neq v$ であるようなすべての要素 $u, v \in A$ に対して，$f(u) \neq f(v)$ が成り立つことである．

### 証明の書き方

関数に関係する証明の例として次の命題を証明しよう．特に，主張の形がどのように証明法を決めるかに注意していただきたい．

**命題 29** $f(x) = x^3$ は単射である．

**証明の考え方** 命題の中に「存在する」，「すべての」，「…ない」などのキーワードが見つからなければ，前進後退法で証明を始めるとよい．結論に関する抽象質問は「関数（ここでは $f(x) = x^3$）が単射であることを示すにはどうすればよいか？」である．定義 25 より次を示すことが答えになる．

**B1**：$u \neq v$ であるようなすべての実数 $u, v$ に対して，$u^3 \neq v^3$ である．

後退過程で得た主張 $B1$ には「すべての」というキーワードがあるので，抽出法を用いて

**A1**：$u \neq v$ となる実数 $u, v$

を任意に選ぶ．これに対して

**B2**：$u^3 \neq v^3$

を示せばよい．$B2$ に「…ない」というキーワードがあるので，$A1$ から $B2$ を導くのに，背理法（第 9 章参照）か対偶法（第 10 章参照）を考えるとよい．ここでは対偶法を用いる．つまり

**A2 (NOT B2)**：$u^3 = v^3$

を仮定して，

**B3 (NOT A1)**：$u = v$

を導く．そのために，前向きに進んで $A2$ の両辺から $v^3$ を引き，因数分解して

**A3**：$(u - v)(u^2 + uv + v^2) = 0$

を得る．$A3$ で $u - v$ と $u^2 + uv + v^2$ の積が 0 ということは，どちらかの因子が 0 ということである．すなわち，

**A4**：$u - v = 0$ または $u^2 + uv + v^2 = 0.$

$A4$ には「または」というキーワードがあるので，場合分け法（12.1 節参照）によって進む．すなわち，まず $u - v = 0$ を仮定して $B3$ を導き，次に $u^2 + uv + v^2 = 0$ を仮定して $B3$ を導く．

場合 1　$u - v = 0$ を仮定する．このとき両辺に $v$ を加えれば $B3$ を得る．

場合 2　$u^2 + uv + v^2 = 0$ を仮定する．$u = v$ を示すには，$u^2 + uv + v^2 = 0$ を $au^2 + bu + c = 0$ の形の $u$ に関する 2 次方程式とみなして（ここで，$a = 1$, $b = v$, $c = v^2$ とする）2 次方程式の解の公式を用いると，

$$u = \frac{-v \pm \sqrt{-3v^2}}{2} \tag{I.1}$$

を得る．(I.1) で $u$ が実数になるのは $v = 0$ のときだけであり，このとき $u = 0$ である．$u = v = 0$ であるから $B3$ は真である．

いずれの場合も，$u = v$ であるから $B3$ は真であり，証明が完結する．

**命題 29 の証明**　$f(x) = x^3$ が単射であることを示すには，定義より，$u \neq v$ であるようなすべての実数 $u, v$ に対して $u^3 \neq v^3$ であることを示す必要がある．そこで $u, v$ を $u \neq v$ である実数とする．(「とする」という語が抽出法を用いていることを示す．）このとき $u^3 \neq v^3$ を示すのであるが，これと同値な，$u^3 = v^3$ ならば $u = v$ であることを示す．（これは対偶法である．）さて，$u^3 = v^3$ ならば，$(u - v)(u^2 + uv + v^2) = 0$

であるから，$u - v = 0$ または $u^2 + uv + v^2 = 0$ である．最初の場合は $u = v$ であり，第二の場合は2次方程式の解の公式より

$$u = \frac{-v \pm \sqrt{-3v^2}}{2}$$

である．この解が実数になるのは $v = 0$ のときだけであり，このとき $u = v = 0$ である．いずれの場合も $u = v$ を得て，証明終了．□

### 証明の読み方

$f$ が全射かつ単射ならば，方程式 $f(x) = y$ がただ一つの解をもつことが証明される．それをまとめたものが次の命題である．証明を読む際に，書いた人の思考の過程を再構成するように努めよう．それは，特定の問題に対して，どの証明法をどのように用いているかを見分けることである．

**命題 30** $A, B$ が集合で，関数 $f : A \to B$ が全射かつ単射ならば，どの $y \in B$ に対しても，$f(x) = y$ を満たす $x \in A$ がただ一つ存在する．

**命題 30 の証明** （後の解説のために，一つの文ごとに改行して行番号をつけている．）

- **S1**：$y \in B$ とする．まず，このとき $f(x) = y$ となる $x \in A$ が存在することを示す．
- **S2**：$f$ は全射であるから，定義よりどの要素 $t \in B$ に対しても $f(s) = t$ となる要素 $s \in A$ が存在する．
- **S3**：特に，$y \in B$ に対しても，$f(x) = y$ となる要素 $x \in A$ が存在する．
- **S4**：このような $x$ がただ一つであることを示すために，逆に，$w \neq x$ を $f(w) = y$ を満たす $A$ の要素とする，
- **S5**：しかし，$f(x) = f(w) = y$ は $f$ が単射であることと矛盾する．

よって証明終了．□

### 証明の考え方

**〈S1 の解説〉** 証明を始める際にどの方法を用いたかおわかりだろうか．答えは抽出法である．なぜなら，命題の結論の中の「どの…も」（「すべての」と同じ）というキーワードに気づいたからである．（読者も気づいただろうか．）そうすると，$S1$ の

「$y \in B$ とする」という部分は

**A1**：要素 $y \in B$

を任意に選んだことを意味し，それに対して

**B1**：$f(x) = y$ となる $x \in A$ がただ一つ存在する

ことを示す必要がある．$A1$ から前向きに進んで $B1$ が真であることを導こうとしているが，読者なら，どの方法を用いるだろうか．この証明でも読者が考えるのと同じ方法を用いているだろうか．

**〈S2 の解説〉**　読者には，$B1$ には「存在する」と「ただ一つ」というキーワードがあることに気づいて，後退一意法で，直接もしくは間接一意法（11.2 節参照）が使えそうだと考えていただきたい．（証明を最後まで読んで，直接もしくは間接一意法のうちどちらが使われたかおわかりだろうか．）いずれにしても，最初のステップは望ましいもの，すなわち $f(x) = y$ を満たす $y$ を構成することである．よって $S2$ では前進過程に転じる．つまり，$f$ が全射であるという仮定から前向きに進み，定義 24（記号が重ならないように，$y$ の代わりに $t$，$x$ の代わりに $s$ としたもの）を用いて，$S2$ で次のように述べている．

**A2**：どの要素 $t \in B$ に対しても，$f(s) = t$ となる要素 $s \in A$ が存在する．

**〈S3 の解説〉**　$A2$ から前向きに進む．ここでどの方法が使われているかおわかりだろうか．答えは特殊化（第 6 章参照）である．なぜなら，前進過程で得られた主張 $A2$ を文頭から順に見ていくと，最初にキーワード「どの…に対しても」(「すべての」と同じ）に出会うからである．特殊化を用いるならば，適用すべき特定の対象が必要である．$S3$ の「特に，$y \in B$ に対して」の部分から，その特定の対象とは $y$ であることがわかり，それは $A2$ の「ある性質」(集合 $B$ に属す）をもつ．そして特殊化の結果として $A2$ の「あること」が成り立つ．それは $A2$ の $t$ を特定の対象 $y$ で置き換えたもの，つまり

**A3**：$f(s) = y$ となる要素 $s \in A$ が存在する

ことである．これはまさに $S3$ の後半に書かれていることで，$A3$ の $s$ が $S3$ の $x$ に対応する．すなわち，

**A4**： $f(x) = y$ となる $x \in A$ が存在する

を得る．

これで $B1$ における対象 $x$（すなわち $A4$ の $x$）が構成できた．構成法を完成させるには，構成した対象が $B1$ で述べている「ある性質」を満たし，「あること」が成り立つことを示す必要がある．「あること」はこの場合は $x \in A$ と $f(x) = y$，そしてこのような $x$ はただ一つということである．$A4$ ですでに $x \in A$ と $f(x) = y$ であることを述べているので，あとは $x$ の一意性を示せばよい．

**〈S4 の解説〉** $S4$ の「逆に…とする」という部分から，間接一意法を用いていることがわかる．つまり，すでに構成されている $x$ とは異なるもの（ここでは $w$）で，$B1$ の「ある性質」を満たし「あること」が成り立つものがあると仮定する．すなわち，$S4$ で次のことを仮定する．

**A5**： $w \neq x$ も $f(w) = y$ を満たす $A$ の要素とする．

間接一意法に従って $A4$ と $A5$（特に $w \neq x$ という仮定）から前向きに進んで矛盾を導くことをめざす．$S5$ を読んでどのような矛盾が導かれるかおわかりだろうか．

**〈S5 の解説〉** ここで $A4$ と $A5$ は $f$ が単射であることと矛盾すると述べている．$f$ が単射であるという仮定から，定義 25 を用いて前向きに進むと

**A6**： $u \neq v$ であるようなすべての $u, v \in A$ に対して，$f(u) \neq f(v)$

を得る．キーワード「すべての」があることから，$A6$ を特殊化して $u = w$（$A5$ より），$v = x$（$A4$ より）とする．どちらも $A$ に属し（$A4$ と $A5$ 参照），$w \neq x$ を満たす（$A5$ 参照）．特殊化により，$A6$ の中の「あること」が成り立つので

**A7**： $f(w) \neq f(x)$

が結論できるが，$A4$ と $A5$ より $f(x) = y$，$f(w) = y$ であるから，

**A8**： $f(w) = f(x)$

を得る．しかし $A8$ は $A7$ と矛盾する．よって証明は完結する．

# 付録 II

# 実解析からの証明の例

実解析は実数の性質を扱う研究分野である．この付録の目的は実解析の解説をすることではなく，この分野に関する命題の証明例の紹介を通して，本書で学んださまざまな証明法がどのように用いられているかを具体的に示すことにある．また，読者は教科書や数学の文献にあるような証明の読み解き方も学べるであろう．実数の基本的な性質に関する初歩的知識を前提としているが，この付録を理解するうえで必要となることがらはすべてこの付録の中で説明している．

## II.1 実数に関する例

**実数** (real number) 全体の集合（ここでは単に実数の集合ともいう）は $\mathbb{R}$ で表され，小数点以下が無限に続く場合も含めて，小数で表される数の集合である[27]．読者は，これまでに実数を扱ったことがあり，すでに，正の値，負の値，四則演算，そして数の大小比較記号，すなわち，$<$, $>$, $=$, $\leq$, $\geq$ の定義は既知であろう．また，これらの演算や大小比較の基本性質にも慣れているとする（たとえば，$x+y=y+x$, $(x+y)z=xz+yz$，$x \leq y$ ならば $-x \geq -y$，どの実数 $x$ も $x<0, x=0, x>0$ のいずれかを満たすことなど)．

実数の集合と他の数の集合との相違を知っておくことも重要である．他の数の集合とは，**整数** (integer) 全体の集合 $\mathbb{Z}=\{\ldots,-1,0,1,\ldots\}$，**有理数** (rational number, rational) 全体の集合 $\mathbb{Q}=\{p/q : p,q \in \mathbb{Z}, q \neq 0\}$ などである．実数と整数の相違の一例として，二つの数の商を考えよう．ここで割る数は0ではないとする．実数の商は実数であるが，それに対して，整数の商は整数になるとは限らない（たとえば $4/3$ は整数ではない)．

実数の集合と有理数の集合の間にも相違があるが，上の例のように一目でわかるものばかりではない．たとえば，以下で証明するが，$\sqrt{2}$ のように有理数ではない実数が

[27] 訳注：小数点以下が0であってもよいとする．すなわち，整数も含む．

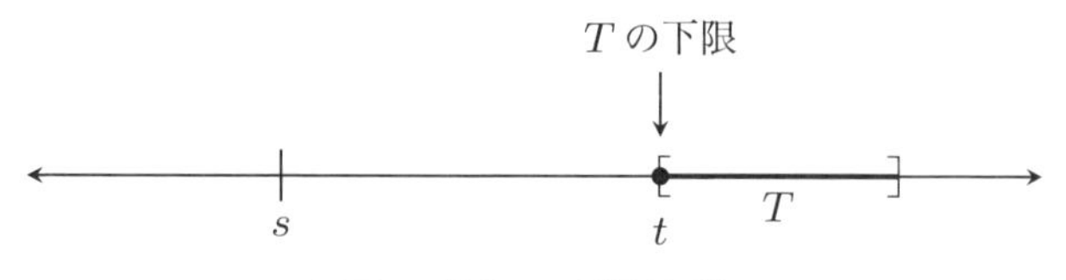


図 II.1 集合 $T$ の下界と下限 $t$

存在する．実数と有理数の相違を説明するために，以下の定義を導入しよう．

**定義 26** 実数 $t$ がある実数の集合 $T$ の**下界**（かかい）(lower bound) であるとは，すべての要素 $x \in T$ に対して，$t \leq x$ が成り立つことである．

実数の集合の中には，$\{x \in \mathbb{R} : x > 0\}$ のように下界をもつものもあるが，$\{x \in \mathbb{R} : x < 2\}$ のようにもたないものもある．集合 $T$ が一つ下界 $t$ をもてば，無限に多くの下界をもつ．なぜなら，$s < t$ を満たす実数 $s$ もやはり $T$ の下界だからである（図 II.1 参照）．特に重要なのは下界の最大数であり，次のように定義される．

**定義 27** 実数 $t$ が実数の集合 $T$ の**下限** (infimum) であるとは，下界の最大数 (greatest lower bound) であること，すなわち次を満たすことである．

1. $t$ は $T$ の下界である．
2. $T$ のどの下界 $s$ に対しても，$s \leq t$ である．

実数の集合 $T$ が下限をもつのはどのような場合かを考えると，実数と有理数の違いが明らかになる．数多くの例を調べてみると，実数の集合 $T$ が空集合でなくかつ下界をもつならば，下限をもつことがわかる．この事実に対する証明は存在せず，これは公理（第 3 章参照）の一つである．つまり，証明なしに認められている事実であり，次のようにまとめられる．

**実数の下限の存在公理** (the infimum property of $\mathbb{R}$) 空でないどの実数の集合も，下界をもつならば下限をもつ．

実数の下限の存在公理は，証明をするときに真とみなして使ってよい主張である．この主張の中に「どの…も」（「すべての」と同じ）というキーワードが入っているので，この主張から前向きに推論を進めるときには，特殊化を用いることができる．つまり，特定の空でない実数の集合 $M$ を考えて，$M$ が下界をもつことを示す．すると実数の下限の存在公理より，$M$ は下限をもつ．

### 証明の書き方

上で定義した概念が実際の証明でどのように使われるかを見ていこう．以下の例において，主張の形が，それに適した証明法をどのように示唆するかに特に注意を払っていただきたい．

**命題 31** $T = \{s \in \mathbb{R} : s > 0$ かつ $s^2 > 2\}$ とし，実数 $x$ は $0 < x$ および $x^2 < 2$ を満たすものとする．また，$n$ は正の整数で $\dfrac{1}{n} < \dfrac{2-x^2}{2x+1}$ を満たすとする．このとき，$x + \dfrac{1}{n}$ は $T$ の下界である．

**証明の考え方** 命題の仮定にも結論にも，「存在する」，「すべての」，「…ない」のようなキーワードはないので，前進後退法で取りかかるとよい．結論に関する抽象質問は，「ある実数（ここでは $x + 1/n$）がある集合（ここでは $T$）の下界であることを示すにはどうすればよいか？」である．定義 26 より，その答えは

**B1**： すべての $s \in T$ に対して，$s \geq x + \dfrac{1}{n}$

を示すことである．$B1$ に「すべての」というキーワードが現れたので，まず「対象」（要素 $s$），「ある性質」（$s \in T$），「成り立つこと」（$s \geq x + 1/n$）を判別してから，抽出法（第 5 章参照）を適用して，

**A1**： 要素 $s \in T$

を選ぶ．それに対して，

**B2**： $s \geq x + \dfrac{1}{n}$

を示す．ここで $A1$ と命題の仮定から前向きに推論を進めて $B2$ が真であることを示そう．

$A1$ より $s \in T$ なので，$T$ の定義より

**A2**： $s > 0$ かつ $s^2 > 2$

である．ここで $2 > \left(x + \frac{1}{n}\right)^2$ を示すことができれば，$s^2 > 2 > \left(x + \frac{1}{n}\right)^2$ となり，$s > 0$ であるから（$A2$ より），$B2$ で示したかった $s > x + \frac{1}{n}$ が得られる．よって，

**B3**：$2 > \left(x + \frac{1}{n}\right)^2$

を示したいのだが，$B3$ は，仮定 $\frac{1}{n} < \frac{2-x^2}{2x+1}$ から以下のように前向きに進むと得られる．

$$\left(x + \frac{1}{n}\right)^2 = x^2 + \frac{2x}{n} + \frac{1}{n^2} \qquad \text{（平方を開く）} \qquad \text{(II.1)}$$

$$= x^2 + \frac{1}{n}\left(2x + \frac{1}{n}\right) \qquad \text{（}1/n\text{ をくくりだす）} \qquad \text{(II.2)}$$

$$\leq x^2 + \frac{1}{n}(2x + 1) \qquad \text{（}1 \leq n\text{ より）} \qquad \text{(II.3)}$$

$$< x^2 + (2 - x^2) \qquad \left(\frac{1}{n} < \frac{2-x^2}{2x+1}\text{ より}\right) \qquad \text{(II.4)}$$

$$= 2. \qquad \text{(II.5)}$$

これで抽出法，さらに証明自体が完結する．

**命題 31 の証明**　$x + \frac{1}{n}$ が $T$ の下界であることを示すために，$s \in T$ とする．（「とする」という表現が抽出法を示している．）以下で $x + \frac{1}{n} < s$ を示す．$s \in T$ であるから，$s > 0$ かつ $s^2 > 2$ である．(II.1)–(II.5) によって，$s^2 > 2 > \left(x + \frac{1}{n}\right)^2$ を得る．$s > 0$ より，$s > x + \frac{1}{n}$ である．このことは $x + \frac{1}{n}$ が $T$ の下界であることを示している．□

## 証明の読み方

これまで繰り返し述べてきたように，証明を読むことは容易ではない．以下，$\sqrt{2}$ が有理数ではない実数であることの証明を例として，証明の読み解き方を示そう．

**命題 32**　実数の下限の存在公理を認めれば，実数 $x$ で $x^2 = 2$，かつ有理数でないものが存在する．

**命題 32 の証明**　（後の解説のために，一区切りごとに改行して行番号をつけている．）

**S1**：集合 $T = \{s \in \mathbb{R} : s > 0,\ s^2 > 2\}$ の下限 $x$ が求める値である．

**S2**：集合 $T$ は下限をもつ．なぜなら，$2 \in T$ より，$T \neq \varnothing$ であり，また $0$ が $T$ の下界だからである．

**S3**：$x^2 = 2$ を示す．

**S4**：仮に $x^2 > 2$ とする．このとき，正の整数 $n$ で

$$\frac{1}{n} < \frac{x^2 - 2}{2x}$$

を満たすものは $x - \frac{1}{n} \in T$ を満たし，$x - \frac{1}{n} < x$ であるから，$x$ は $T$ の下界ではない．これは矛盾である．

**S5**：逆に，$x^2 < 2$ とする．このとき正の整数 $n$ が

$$\frac{1}{n} < \frac{2 - x^2}{2x + 1}$$

を満たすとすると，$x + \frac{1}{n}$ は $T$ の下界であり，$x < x + \frac{1}{n}$ であるから，$x$ は $T$ の最大の下界ではありえない．これは矛盾である．

**S6**：$x^2 > 2$ も $x^2 < 2$ もありえないので，$x^2 = 2$ である．

**S7**：$x$ が有理数ではないことは，9.2 節の命題 13 で証明したので，ここでは繰り返さない．□

## 証明の考え方

**〈S1 の解説〉**　この文がわかりにくいとしたら，証明を始めるにあたってどの証明法を用いるか明記されていないからである．読者ならどの証明法で始めるかを考えてみよう．命題の結論にキーワード「存在する」があるので，構成法（第 4 章参照）の適用を考える．実際，$S1$ で次のような値を構成している．

**A1**：$x$ を集合 $T = \{s \in \mathbb{R} : s > 0,\ s^2 > 2\}$ の下限とする．

これが求める $x$ であることを確かめる前に，この集合 $T$ が本当に下限をもつかを問う

必要がある．そうでなければ，この方法では求める $x$ は構成できない．この証明でもこの問いを立てて，$S2$ で下限をもつことを示している．

**⟨S2 の解説⟩**　ここで $S1$ で定義した集合 $T$ は下限をもつと主張する．ここでもどの証明法を用いたかは明らかにしておらず，途中を省略した箇所もあり，その部分は読者が補う必要がある．ここでは，実数の下限の存在公理を仮定しているのでその中にキーワード「どの…も」があるのに着目して，特殊化（第 6 章）を用いる．この公理を $S1$ の中の $T$ に対して特殊化するためには，「ある性質」，すなわち，$T$ が空ではなく下界をもつことを確かめる必要がある．実際，$S2$ で $2 \in T$（$2 > 0$ および $2^2 = 4 > 2$ より）であるから，$T \neq \varnothing$ を主張する．また，$S2$ では説明なしに 0 は $T$ の下界（読者の演習とする）であると述べている．仮定に対して特殊化を用いた結果，$T$ は実際に下限をもち，$S1$ における $x$ の構成が意味をもつことがわかる．

**⟨S3 の解説⟩**　$S1$ で構成法によって証明を始めたので，この $x$ が望む性質をもつこと，すなわち

**B1**：$x^2 = 2$ かつ $x$ は有理数ではない

を示す必要がある．この証明の残りの部分を読んで，それがどのように示されているかおわかりだろうか．

**⟨S4 の解説⟩**　この $S4$ の記述内容全体は，$B1$ に述べたように $x^2 = 2$ を示そうとしていることを念頭において，先に $S6$ までを読まないと理解しにくいかもしれない．$S6$ で $x^2 > 2$ も $x^2 < 2$ もありえないので，$x^2 = 2$ がただ一つの可能な場合であると述べている．言い換えると，明記されてはいないが，実数の性質より前向きに推論を進めて

**A2**：$x^2 = 2$ か $x^2 > 2$ か $x^2 < 2$ のいずれかである

ことを用いている．$x^2 = 2$ であることを示すために，$S4$ で $x^2 > 2$ の可能性を排除し，$S5$ で $x^2 < 2$ の可能性を排除している．あとは，どのように排除するかが問題であり，この証明では背理法（第 9 章参照）を用いているが，どのような矛盾が導かれたかおわかりだろうか．その答えは $S4$ の最後の，$x$ は $T$ の下界ではないと結論する部分である．$A1$ では $x$ は $T$ の下限であるとしているので，定義 27 より $T$ の下限は下界でもあるから矛盾である．

$x$ が $T$ の下界ではないことを導くために，定義 26 に対して否定の書き方（第 8 章）を用いると，

**B2**：要素 $s \in T$ で，$s < x$ となるものが存在する．（要素 $s \in T$ が存在して，$s < x$ である．）

$B2$ に「存在する」というキーワードがあるので，構成法を用いて，$s < x$ となる $s \in T$ を構成する．そして $S4$ で，具体的に $\frac{1}{n} < \frac{x^2-2}{2x}$ を満たす正の整数 $n$ を用いて，$s = x - \frac{1}{n}$ を構成する．構成法に従えば，この $s$ が $B2$ の中の，「ある性質」（ここでは $s \in T$）をもち，「あること」（ここでは $s < x$）が成り立つことを示さなければならないが，あいにくこの部分は読者に委ねている．$n > 0$ より $s = x - \frac{1}{n} < x$ は明らかだが，$s = x - \frac{1}{n} \in T$ を示すのはそう容易ではない．読者は，$\frac{1}{n} < \frac{x^2-2}{2x}$ から $s = x - \frac{1}{n} \in T$ を導けるだろうか．

**〈S5 の解説〉**　ここでは，$x^2 < 2$ と仮定して矛盾を導くことにより，$x^2 < 2$ である可能性を排除している．具体的には，$S5$ で，$x^2 < 2$ ならば $x$ は $T$ の下界の最大数ではありえないことを示している．このことは，$A1$ で構成法を用いる際に $x$ は $T$ の下界の最大数としたことと矛盾する．$x$ が $T$ の下界の最大数ではないことを示すには，定義 27 の否定の主張（第 8 章参照）を書き下したもの，すなわち

**B3**：$x$ は $T$ の下界ではない，または，$s > x$ を満たす $T$ の下界 $s$ が存在する

を示す必要がある．後退過程で $B3$ に「または」というキーワードが現れたので，部分否定法（13.2 節参照）を用いている．すなわち，

**A3**：$x$ は $T$ の下界である

と仮定して，

**B4**：$T$ の下界 $s$ が存在して，$s > x$ を満たす

ことを示す．

$B4$ に「存在する」というキーワードがあるので，構成法によって $s$ を構成する．こ

の場合は，$S5$ で $s = x + \dfrac{1}{n}$ としている．ここで $n$ は，$\dfrac{1}{n} < \dfrac{2 - x^2}{2x + 1}$ を満たす正の整数である．構成法に従うと，この $s$ が $B4$ の「ある性質」（ここでは $s$ は $T$ の下界であること）をもち，「あることが成り立つ」（ここでは $s > x$）ことを示す必要がある．$n > 0$ より $s = x + \dfrac{1}{n} > x$ は直ちにわかるが，$s = x + \dfrac{1}{n}$ が $T$ の下界であることを示すのはそれほど容易ではない．証明の詳細は読者に委ねているが，命題31を用いるとよい．

**〈S6 の解説〉** ここで $x^2 = 2$ を主張している．背理法を用いて，$S4$ で $x^2 > 2$ の可能性を，$S5$ で $x^2 < 2$ の可能性を排除することにより正当化した．

**〈S7 の解説〉** $B1$ の中の，構成した $x$ が有理数ではないことの証明が残っているが，これはすでに前に証明したので命題32の証明は完結する．

## II.2 数列に関する例

問題を解く際に，無限個の実数の集まりを扱う必要が生じることはよくある．たとえば，$x_1 = 2$ から始めて，

$$x_{k+1} = \frac{1}{2}\left(x_k + \frac{2}{x_k}\right), \quad k = 1, 2, \ldots \tag{II.6}$$

に従って繰り返し計算すると，無限に続く実数の列を生成することができ，この列は $\sqrt{2}$ の値にいくらでも近づいていくことがわかる．この付録では，こうした概念を厳密に扱い，関連する証明を読み，自分でも書く方法を説明する．まず次の定義から始めよう．

**定義 28** （実）数列 (sequence of real numbers) とは，関数 $x : \mathbb{N} \to \mathbb{R}$ のことである．ここで，$\mathbb{N} = \{1, 2, \ldots\}$ であり，$\mathbb{R}$ は実数全体の集合である．$k \in \mathbb{N}$ に対して，$x(k)$ とは書かず $x_k$ のように書き，数列を

$$X = (x_1, x_2, \ldots) \quad \text{あるいは} \quad X = (x_k : k \in \mathbb{N}) \quad \text{あるいは} \quad X = (x_k)$$

のように表す．

たとえば，式 (II.6) によって定義される数の集まりは数列であり，また $X =$

$(1/1, 1/2, 1/3, \ldots, 1/k, \ldots)$ も数列である.

与えられた数列から新しい数列を作ることもできる. たとえば, 二つの数列 $X = (x_1, x_2, \ldots)$ と $Y = (y_1, y_2, \ldots)$ が与えられたとき

$$X \pm Y = (x_1 \pm y_1, x_2 \pm y_2, \ldots)^{28)}$$

もそれぞれ数列である.

ここでは, 数列の値が**収束する** (converge) か, つまり, ある数にいくらでも近づいていくかという問題を考えよう. 数列 $X = (x_1, x_2, \ldots)$ の収束に関しては, 大きく分けて二種類の問いにまとめられる.

1. 数 $x$ が与えられたとき, 数列 $X$ は $x$ に収束するか.
2. そもそも数列が収束するような実数 $x$ は存在するか. もし存在するならその数は何か.

(II.6) で定義された数列のように収束するものもあるし, 数列 $X = (1, 2, \ldots)$ のように収束しないものもある. そこでまず, 数列がある数に収束するとはどういうことかを厳密に定義することを目標としよう.

直感的には, 数列 $X$ がある実数 $x$ に収束するならば, 数列の先の方へ進むほど, 数列に属する数は $x$ に近づくはずである. 数列の一点 $x_k$ と数 $x$ との間の「距離」は, 絶対値, すなわち, $|x - x_k|$ で測ることができる. $x$ からの距離がある定まった数 $\varepsilon > 0$ より小さい点全体の集合が, 収束を考えるときに中心的役割を果たす. そのために, 次の定義をしておこう (図 II.2 参照) :

**定義 29** 実数 $x$ と距離 $\varepsilon > 0$ が与えられたとき, $x$ の周りの半径 $\varepsilon$ の**近傍** (neighborhood) とは $N_\varepsilon(x) = \{y \in \mathbb{R} : |y - x| < \varepsilon\}$ のことである.

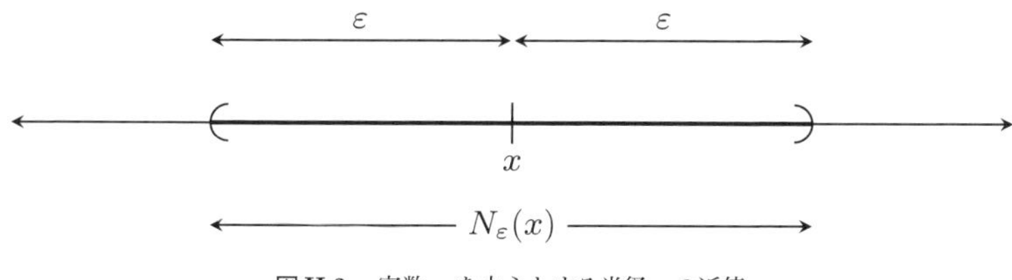


**図 II.2** 実数 $x$ を中心とする半径 $\varepsilon$ の近傍

28) 訳注 : 複号同順.

図II.2からわかるように，$\varepsilon$が0に近づくにつれ，$x$の近傍は$x$を中心として「縮んで」いく．このことから，$X$が$x$に収束するということは，次のことが起こることだとわかる．

> $\varepsilon$がどれほど0に近くても，数列の点のうち「ほとんど」は$N_\varepsilon(x)$の内部にある．

数学者は，この「ほとんど」を数列のある点（仮に$x_j$としよう）から後のすべての点という意味に解釈する．上述のことを合わせると収束の定義が得られる．この定義は三つの量化詞を含む．

**定義30**　ある数列$X = (x_1, x_2, \ldots)$が実数$x$に収束する（$(x_k) \to x$と表す）とは，どのような実数$\varepsilon > 0$に対しても，ある整数$j \in \mathbb{N}$が存在して，$k > j$を満たすすべての$k \in \mathbb{N}$に対して，$x_k \in N_\varepsilon(x)$を満たすこと，すなわち，$|x_k - x| < \varepsilon$となることである．

### 証明の書き方

次の命題を例にとって，数列に関する証明の書き方の説明をしよう．ここでも，主張の中のキーワードがどのように証明法を決めるかに注意されたい．

**命題33**　数列$X = \left(1 - \dfrac{1}{k^2}\right)$は1に収束する．

**証明の考え方**　命題の中には「存在する」，「すべての」，「…ない」などのキーワードが見当たらないので，前進後退法で証明を始めるとよい．結論に関する抽象質問は「数列（ここでは$X = (1 - 1/k^2)$）がある数（ここでは1）に収束することを示すにはどうすればよいか？」である．定義30より，その答えは

**B1**：どのような実数$\varepsilon > 0$に対しても，ある整数$j \in \mathbb{N}$が存在して，$k > j$を満たすすべての$k \in \mathbb{N}$に対して，$\left|1 - \dfrac{1}{k^2} - 1\right| = \dfrac{1}{k^2} < \varepsilon$となる

ことを示すことである．ここで，$B1$の最初のキーワードが「どのような…も」（「すべての」と同じ）であることに気づき，抽出法を用いると，

**A1**：実数$\varepsilon > 0$

を選び，それに対して次を示したい．

**B2**：ある整数 $j \in \mathbb{N}$ が存在して，$k > j$ を満たすすべての $k \in \mathbb{N}$ に対して，$1/k^2 < \varepsilon$.

$B2$ に最初に現れる量化詞として「存在する」というキーワードがあるので，今度は構成法を考える．前進過程に移って候補を構成することも考えられるが，ここでは別のアプローチをする．求める $j \in \mathbb{N}$ の値が「すでに」得られていると仮定してみよう．構成法を完結させるには，この $j$ に対して $B2$ の「あること」が成り立つことを示す必要がある．すなわち，

**B3**：$k > j$ を満たすすべての $k \in \mathbb{N}$ に対して，$1/k^2 < \varepsilon$

を示す．$B3$ を証明しようとする過程でどのような $j \in \mathbb{N}$ ならば $B3$ が成り立つかがわかってくる．$B3$ から後ろ向きに進もうとすると，$B3$ にキーワード「すべての」があることに気づき，抽出法を用いる．つまり

**A2**：$k > j$ を満たす $k \in \mathbb{N}$

を任意に選び，それに対して，

**B4**：$1/k^2 < \varepsilon$

を示す必要がある．ここで $A2$ より，$k > j \geq 1$ なので，$k^2 > j^2$ であり，

**A3**：$1/k^2 < 1/j^2$

である．これより，

$$\frac{1}{j^2} < \varepsilon \tag{II.7}$$

ならば，$A3$ から $B4$ が得られる．よって，(II.7) を満たすような $j$ を構成すればよいことがわかる．不等式 (II.7) を $j$ について解くと，$\varepsilon > 0$ であることから，

$$j > \frac{1}{\sqrt{\varepsilon}} \tag{II.8}$$

を得る．つまり，(II.8) を満たす整数ならどれを $j$ としても，$B4$ は真である．これで証明は完結する．

**命題 33 の証明** $X = \left(1 - \dfrac{1}{k^2}\right)$ が 1 に収束することを示すために，$\varepsilon > 0$ とする．（「とする」という表現が抽出法を示す．）さて，$j$ を $j > \dfrac{1}{\sqrt{\varepsilon}}$ を満たす任意の整数とする．$\varepsilon > 0$ より，このような数がとれる．（今度は「とする」は構成法を示している．）さて，$k > j$ に対して（ここでは抽出法が用いられる），次のことが成り立つ．

$$\begin{aligned} \left|1 - \frac{1}{k^2} - 1\right| &= \frac{1}{k^2} \\ &< \frac{1}{j^2} \qquad (k > j \geq 1 \text{ より}) \\ &< \varepsilon \qquad (j > 1/\sqrt{\varepsilon} \text{ より}). \end{aligned}$$

よって証明は完結する．□

## 証明の読み方

証明の読み方の例として，二つの数列が収束すれば，その和の数列も収束することの証明を見ていこう．

**命題 34** $X = (x_1, x_2, \ldots)$ と $Y = (y_1, y_2, \ldots)$ がそれぞれ実数 $x, y$ に収束する数列ならば，数列 $X + Y = (x_1 + y_1, x_2 + y_2, \ldots)$ は $x + y$ に収束する．

**命題 34 の証明** （後の解説のために，一つの文ごとに改行して文番号をつけている．）

**S1**：$X + Y$ が $x + y$ に収束することを示すために，$\varepsilon > 0$ とする．

**S2**：$X$ は $x$ に収束するので，定義により，ある整数 $j_1 \in \mathbb{N}$ が存在して，$k > j_1$ を満たすすべての $k \in \mathbb{N}$ に対して，$|x_k - x| < \varepsilon/2$ となる．

**S3**：同様に，$Y$ は $y$ に収束するので，ある整数 $j_2 \in \mathbb{N}$ が存在して，$k > j_2$ を満たすすべての $k \in \mathbb{N}$ に対して，$|y_k - y| < \varepsilon/2$ となる．

**S4**：ここで $j = \max\{j_1, j_2\}$ と定義すると，$X$ と $Y$ は収束するから，$k > j$ ならば，

$$\begin{aligned} |(x_k + y_k) - (x + y)| &= |(x_k - x) + (y_k - y)| \\ &\leq |x_k - x| + |y_k - y| \\ &< \frac{\varepsilon}{2} + \frac{\varepsilon}{2} = \varepsilon. \quad \square \end{aligned}$$

### 証明の考え方

**〈S1 の解説〉**　この文がわかりにくいとしたら，証明を始めるにあたってどの証明法を用いるか明記されていないからである．読者ならどの証明法で始めるかを考えてみよう．命題の仮定にも結論にも，「存在する」，「すべての」，「…ない」などのキーワードが見つからないので，前進後退法で始めるとよい（実際，ここではこの方法を用いている）．後ろ向きに進むと，結論に関する抽象質問は「ある数列（ここでは $X+Y$）がある数（ここでは $x+y$）に収束することを示すにはどうすればよいか？」である．この問いには定義 30 を用いて答えている．示すべきことは

**B1**：どのような実数 $\varepsilon > 0$ に対しても，ある整数 $j \in \mathbb{N}$ が存在して，$k > j$ を満たすすべての $k \in \mathbb{N}$ に対して，$|(x_k + y_k) - (x+y)| < \varepsilon$

である．$B1$ の中には三つの量化詞があるが，文頭から順に処理していけばよい（第 7 章参照）．$B1$ の最初のキーワードは「どのような…も」（「すべての」と同じ）なので，抽出法を用いて

**A1**：実数 $\varepsilon > 0$

を選び，それに対して

**B2**：ある整数 $j \in \mathbb{N}$ が存在して，$k > j$ を満たすすべての $k \in \mathbb{N}$ に対して，$|(x_k + y_k) - (x+y)| < \varepsilon.$

を示す．実際，$S1$ の「$\varepsilon > 0$ とする」という表現が抽出法を使うことを示している．次は，$B2$ が真であることを示す必要があるが，読者ならどの証明法を使うだろうか．

$B2$ で最初に現れる量化詞は「存在する」なので，構成法によって，望むような $j \in \mathbb{N}$ を見つけたい．そのために，$S2$ で前進過程に転じている．（証明の中のどこで $j$ の値を決めているか，読者は見つけられただろうか．）

**〈S2 の解説〉**　$X$ が $x$ に収束するという仮定から，推論を前に進めている．ここでは定義 30 の中の $\varepsilon$ の代わりに $\overline{\varepsilon}$ とすることにより記号の重複を避けて，

**A2**：どのような実数 $\overline{\varepsilon} > 0$ に対しても，ある整数 $j \in \mathbb{N}$ が存在して，$k > j$ を満たすすべての $k \in \mathbb{N}$ に対して，$|x_k - x| < \overline{\varepsilon}$ となる

とする．$A2$ には，「どのような…に対しても」というキーワードがあるので，特殊化の

適用を考える．問題は「$\bar{\varepsilon}$ としてどのような値をとるとよいか？」である．$A1$ で $\varepsilon$ を選んだので，$\bar{\varepsilon} = \varepsilon$ とすればよいだろうか．$S2$ を読み直すと，$\bar{\varepsilon} = \varepsilon$ ではなく $\bar{\varepsilon} = \varepsilon/2$ としている．この段階では，この値を選んだ理由はまだ明らかではない．いずれにせよ，$A2$ に特殊化を行う前に，この特定の値 $\bar{\varepsilon} = \varepsilon/2$ が $A2$ の中の正の数という条件を満たすことを確かめる必要があるが，$\varepsilon > 0$（$A1$ 参照）より条件を満たす．特殊化の結果，$S2$ で述べているように，

**A3**：ある整数 $j_1 \in \mathbb{N}$ が存在して，$k > j_1$ を満たすすべての $k \in \mathbb{N}$ に対して，$|x_k - x| < \varepsilon/2$ となる．

**〈S3 の解説〉** $Y$ が $y$ に収束するという仮定から，$S2$ とまったく同様に次を得る．

**A4**：ある整数 $j_2 \in \mathbb{N}$ が存在して，$k > j_2$ を満たすすべての $k \in \mathbb{N}$ に対して，$|y_k - y| < \varepsilon/2$ となる．

**〈S4 の解説〉** $B2$ で構成法を用いて，望むような整数 $j$ を構成しようとしていたことを思い出そう．ここでようやく $A3$ の $j_1$ と $A4$ の $j_2$ を用いて，$j = \max\{j_1, j_2\}$ を構成する．構成法に従えば，あとはこの $j$ に対して $B2$ の中の「あること」が成り立つことを示せばよい．すなわち，

**B3**：$k > j$ を満たすすべての $k \in \mathbb{N}$ に対して，$|(x_k + y_k) - (x + y)| < \varepsilon$

を示せばよい．$B3$ にはキーワード「すべての」があるので，さりげなく抽出法を使って

**A5**：$k > j$ を満たす $k \in \mathbb{N}$

を選び，それに対して

**B4**：$|(x_k + y_k) - (x + y)| < \varepsilon$

を示そうとしている．実際，$S4$ で $B4$ が成り立つことを示している．読者は次の各ステップを追えるだろうか．

$$|(x_k + y_k) - (x + y)| = |(x_k - x) + (y_k - y)| \tag{II.9}$$

$$\leq |x_k - x| + |y_k - y| \tag{II.10}$$

$$< \frac{\varepsilon}{2} + \frac{\varepsilon}{2} \tag{II.11}$$

$$= \varepsilon. \tag{II.12}$$

(II.9) は項の順番を変えただけである．(II.10) では三角不等式 $|a+b| \leq |a| + |b|$ を用いた．(II.11) の不等式は特殊化により $A3$, $A4$ の

$$|x_k - x| < \frac{\varepsilon}{2}, \quad |y_k - y| < \frac{\varepsilon}{2}$$

から導かれたものである．$A3$ の「すべての」を含む主張に $A5$ の $k$ を入れて特殊化し，

**A6**：$k > j_1$ を満たすすべての $k \in \mathbb{N}$ に対して，$|x_k - x| < \dfrac{\varepsilon}{2}$

を得る．$A6$ に対して特殊化を行うには，$A5$ の中の $k$ が $A6$ の「ある性質」（$\mathbb{N}$ に属すること）を満たし，$k > j_1$ であることを示す必要がある．$k \in \mathbb{N}$ は明らかだが，$k > j_1$ はなぜだろうか．答えは，$k > j$ であること（$A5$ 参照）と $j = \max\{j_1, j_2\}$ としたことによる．すなわち，$k > j = \max\{j_1, j_2\} \geq j_1$ である．$A5$ の $k$ によって $A6$ を特殊化して，

**A7**：$|x_k - x| < \dfrac{\varepsilon}{2}$

を得る．同様の議論により，

**A8**：$|y_k - y| < \dfrac{\varepsilon}{2}$

を得る．$A7$ と $A8$ を合わせると (II.11) の不等号が示される．

最後に和をとれば (II.12) の等号が示される．ここまでくると，数列 $X$ と $Y$ の収束の定義で，$\overline{\varepsilon} = \varepsilon$ の代わりに $\overline{\varepsilon} = \varepsilon/2$ を選んだ理由は明らかであろう．(II.12) で和をとって $B1$ の $\varepsilon$ を出すためである．

## まとめ

証明をいかに遂行するかは厳密な科学的アプローチであるとはいえない．それでも，一般的なアドバイスなら可能である．「$A$ ならば $B$」を証明するときは，$A$ と $B$ の中にあるキーワードに注意して，それをもとにして証明法を選ぶとよい．たとえば，「存在する」,「すべての」のような量化詞があれば，それに合った構成法，抽出法，帰納法および特殊化を使うことを考えるとよい．キーワードがなければ，前進後退法がおそらく最善であろう．証明が進むうちに，書き下す主張も形を変えていくので，それぞれの主張に適した異なる方法を使うことになろう．証明できなくても諦める前に試すべきことはある．なぜ $B$ が偽であってはならないかを考えてみてはどうだろうか．これは背理法（あるいは対偶法）を試すということである．それでも本当に行き詰まったら，しばらく問題から離れてから戻ってみると新しいアイデアが浮かぶこともある．問題を多く解くほど証明技法の使い方の要領は自ずと蓄積されていくことは言うまでもない．

証明を読むことは容易ではない．どの証明法を用いたかは明記されておらず，実際は複数の段階を経ている箇所が一つの文にまとめられていることもあり，証明の各ステップの順番は証明を考えた順番とは限らない．証明を読むときは，書いた人の思考の過程を再構成する必要がある．つまり，証明の各段階で，どの証明法がどのように使われているかを見分ける必要がある．証明がどの方法で始められているかを見分けよう．それからその方法の手順に従って証明を追ってみる．このとき量化詞に注意しよう．量化詞に対応して，構成法，抽出法，帰納法，および特殊化が使われるからである．証明の中で追えない部分があるとしたら，詳細が省略されているせいかもしれない．自分ならどの方法を使うかを考えて行間を埋めよう．それから書いてある証明が読者の考えた証明の過程と合致しているか比べてみよう．

# 練習問題の解答

## 第1章

**問 1.1** (a)，(c)，(e)，(f)

**問 1.2** (a) (1) 仮定：直角をなす2辺の長さが $x, y$ で，斜辺の長さが $z$ である直角三角形 XYZ の面積が $z^2/4$ である．

(2) 結論：三角形 XYZ は二等辺三角形である．

(b) (1) 仮定：$n$ が偶数である．

(2) 結論：$n^2$ も偶数である．

(c) (1) 仮定：$a, b, c, d, e, f$ が実数で，$ad - bc \neq 0$．

(2) 結論：$x, y$ についての連立1次方程式

$$ax + by = e, \quad cx + dy = f$$

は解をもつ．

(d) (1) 仮定：$r$ が実数で，$r^2 = 2$ となる．

(2) 結論：$r$ は無理数である．

(e) (1) 仮定：$p, q$ が正の実数で，$\sqrt{pq} \neq (p+q)/2$ である．

(2) 結論：$p \neq q$ である．

(f) (1) 仮定：$x$ が実数である．

(2) 結論：$x(x-1)$ の最小値は $-1/4$ である．

**問 1.3** $B$ が偽であるとき，「$A$ ならば $B$」が真であることを証明しようとするときには $A$ が偽であることを示す必要がある．その理由は，$A$ が偽ならば，$B$ の真偽に関係なく表 1.1 から $A \Longrightarrow B$ は真となり，また，$A$ が真ならば，$B$ が偽のときには $A \Longrightarrow B$ は偽となるからである．

**問 1.4** (a) 真（無条件）．理由：$A$ が偽．

(b) 真（無条件）．理由：$A$，$B$ ともに真．

(c) 真（無条件）．理由：$B$ が真であるので，$A$ の真偽にかかわらず（つまり，$x$ のとる値に関係なく）$A \Longrightarrow B$ は真である．

(d) $x \neq 3$ のとき真，$x = 3$ のとき偽．理由：$x \neq 3$ のとき $A$ が偽．$x = 3$ のとき $A$ が真で $B$ が偽．

**問 1.5** 下表で，$T$ は真，$F$ は偽を表すとする．

(a) $A \Longrightarrow (B \Longrightarrow C)$

| $A$ | $B$ | $C$ | $B \Longrightarrow C$ | $A \Longrightarrow (B \Longrightarrow C)$ |
|---|---|---|---|---|
| $T$ | $T$ | $T$ | $T$ | $T$ |
| $T$ | $T$ | $F$ | $F$ | $F$ |
| $T$ | $F$ | $T$ | $T$ | $T$ |
| $T$ | $F$ | $F$ | $T$ | $T$ |
| $F$ | $T$ | $T$ | $T$ | $T$ |
| $F$ | $T$ | $F$ | $F$ | $T$ |
| $F$ | $F$ | $T$ | $T$ | $T$ |
| $F$ | $F$ | $F$ | $T$ | $T$ |

(b) $(A \Longrightarrow B) \Longrightarrow C$

| $A$ | $B$ | $C$ | $A \Longrightarrow B$ | $(A \Longrightarrow B) \Longrightarrow C$ |
|---|---|---|---|---|
| $T$ | $T$ | $T$ | $T$ | $T$ |
| $T$ | $T$ | $F$ | $T$ | $F$ |
| $T$ | $F$ | $T$ | $F$ | $T$ |
| $T$ | $F$ | $F$ | $F$ | $T$ |
| $F$ | $T$ | $T$ | $T$ | $T$ |
| $F$ | $T$ | $F$ | $T$ | $F$ |
| $F$ | $F$ | $T$ | $T$ | $T$ |
| $F$ | $F$ | $F$ | $T$ | $F$ |

## 第 2 章

**問 2.1** 前進過程は，仮定 $A$ から始めて，そこに含まれる情報を用いて新しい主張を段階的に導き出す操作である．一方，後退過程は，結論 $B$ が真であることがわかるような別の主張を遡って段階的に一つずつ見つけていく操作である．

具体的には，後退過程は真であることを証明したい結論 $B$ から始めることにより実行される．抽象質問を考えそれに答えることを繰り返すことにより，つぎつぎに新しい主張を見つけるのであるが，それらの主張が真であれば結論 $B$ も真であるという性質をもつものである．このようにして，最終的に仮定 $A$ に到達するか，または，抽象質問を作れなくなるかその答えが得られなくなって行き詰まるまで後退過程を続ける．この過程の難しい点の一つは，ある主張に対して二つ以上の抽象質問の作成が可能なことである．そのときには仮定 $A$ の情報に準じてどの質問を選ぶかを決める．別の難しい点としては，ある抽象質問に二つ以上の答えがあり得ることから，その答えのなかには仮定 $A$ からは証明できないものが含まれることが挙げられる．

前進過程は真であると仮定した $A$ から始め，これから一連の新しい主張を導き出すのであり，それらは $A$ が真であることから，やはり真である．

後退過程と前進過程を交互に繰り返し用いるとき，前進過程では，後退過程の最後に得られた主張を道しるべとして，これにつなげる方向で新しい主張を導き出し，後退過程では，前進過程の最後に得られた主張を見て適切な抽象質問とその答えを選ばなければならない．そして，それらの過程がうまくつながったときに証明が完了する．

**問 2.2** (c) は問題の中の特定の記号を使っているので，正しい抽象質問ではない．

**問 2.3** (a) が正しい．これは結論 $B$ が真であることを示す手段を一般的な形で問うている．(b) と (c) は問題中の特定の記号を使っているから適切でない．(d) は題意に合わない抽象質問であるから正しくない．

**問 2.4** (d) は四辺形が平行四辺形であれば正しいが，一般的な四辺形ではこの 2 直線が平行であることを示すとは限らない．

**問 2.5** (c) は正しくない．0 でない二つの整数 $a$，整数 $b$ に対して，それぞれの 2 乗の差 $a^2 - b^2$ は恒等式により $a^2 - b^2 = (a+b)(a-b)$ と表されるので，2 乗の差が 0 ということから，$(a-b)(a+b) = 0$ が得られる．この式より，$a = b$ または $a = -b$ が得られ，$a = -b$ の場合には二つの実数は等しいという正しい答えに至らない．

**問 2.6** 各設問の抽象質問は以下のとおり：

(a) 2 直線が平行であることを示すにはどうすればよいか．2 直線が交わらないことを示すにはどうすればよいか．一つの円の二つの接線が平行なことを示すにはどうすればよいか．円の直径の両端における 2 接線が平行であることを示すにはどうすればよいか．

(b) ある関数が多項式であることを示すにはどうすればよいか．二つの多項式の和が多項式となることを示すにはどうすればよいか．

(c) ある整数が偶数であることを示すにはどうすればよいか．ある整数が奇数でないことを示すにはどうすればよいか．ある整数の 2 乗が偶数であることを示すにはどうすればよいか．

(d) 2 次方程式の解はどのようにしたら求まるのか．ある整数が 2 次方程式の解であることを示すにはどうすればよいか．二つの 2 次方程式の整数解が一致することを示すにはどうすればよいか．

**問 2.7** 各抽象質問の答えの例は以下のとおり：

(a) 対応する2辺と夾角が等しいことを示す．2角と夾辺が等しいことを示す．3辺が等しいことを示す．どちらも第三の三角形に合同であることを示す．

(b) 交わらないことを示す．どちらも同じ平面内のある第三の直線に垂直であることを示す．第三の直線と交わってできる錯角または同位角が等しいことを示す．直線の傾きが等しいことを示す．どちらもある第三の直線に平行であることを示す．二つの直線の式の連立方程式に解が存在しないことを示す．

(c) 四辺形の三つの角が $90°$ であることを示す．正方形になることを示す．直角をもつ平行四辺形であることを示す．二つの対角線が等長で互いに他を二等分することを示す．

**問 2.8** 各設問の (1) 抽象質問，(2) 一般的な答え，(3) 抽象質問の問題に対する答えの例は以下のとおり：

(a) 設問：与えられた2次方程式の唯一の解が正の数である．

(1) 2次方程式の唯一の解が正の数になることを示すにはどうすればよいか．

(2) 解の公式で得られた（唯一の）解が正の数であることを示す．

(3) $-b/a$ が正であることを示す．

(b) 設問：三角形が正三角形である．

(1) ある三角形が正三角形になるということを示すにはどうすればよいか．

(2) 3辺が等しいかまたは3角が等しいことを示す．

(3) $\overline{\mathrm{SR}} = \overline{\mathrm{RT}} = \overline{\mathrm{TS}}$ を示すか $\angle\mathrm{R} = \angle\mathrm{T} = \angle\mathrm{S}$ を示す．

**問 2.9** 各設問から導かれる主張の例は以下のとおり：

(a) $(x-1)(x-2) < 0$，$x^2 < 3x-2$，$-x^2+3x-2 > 0$．

(b) $x/z = 1/\sqrt{2}$，$\angle X = 45°$，$\cos X = 1/\sqrt{2}$．

(c) 円 $C$ の中心は $(3,2)$．円 $C$ の半径は5．円 $C$ は2点 $(0,6)$ と $(0,-2)$ で $y$ 軸と交わる．円の方程式は $x^2+y^2-6x-4y-12=0$ となる．

**問 2.10** (d) は適当ではない．理由：$x-5$ で割るためには $x \neq 5$ という条件が必要である．

**問 2.11** 〔証明の考え方〕とその〔証明〕の例は以下のとおり：

(a)〔**証明の考え方**〕結論に関連した抽象質問「実数（ここでは $x$）が0であることを示すにはどうすればよいか」の答えの一例として，$x=0$ を示すには $x \geq 0$ と $x \leq 0$ の両方を示せばよい．$x \geq 0$ は仮定からすぐに得られる．$x \leq 0$ を示すには，$x = -y$ と $-y \leq 0$ を示せばよいが，これらは仮定 $x+y=0$ と $y \geq 0$ から前進過程によって得られる．残すところは，$y=0$ を示すことになるが，これは $x=0$ と仮定 $x+y=0$ から推論により得られる．実際，$0 = x+y = 0+y = y$ である．

(b)〔**証明**〕$x=0$ と $y=0$ を示すためには，まず $x=0$ を示す．そのために，$x \geq 0$（これは仮定）と $x \leq 0$ を示すことになるが，後者は $x=-y$ と $-y \leq 0$

を示せばよい．$x = -y$ は $x + y = 0$ から，$-y \leq 0$ は $y \geq 0$ から得られるが，それらはどちらも仮定である．$y = 0$ の方は，$x = 0$ と $x + y = 0$ を示せばよいが，これらは前半の結果と仮定により成り立つ．□

**問 2.12**　下の二つの図において，矢印の左の数字は用いた規則の番号を示す：

(a)

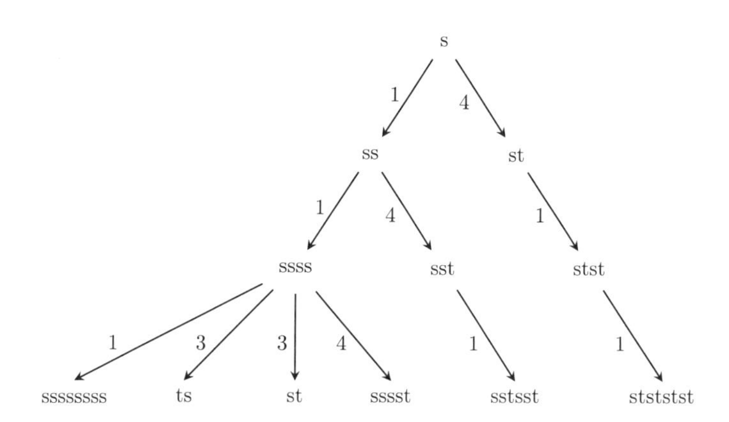

(b)

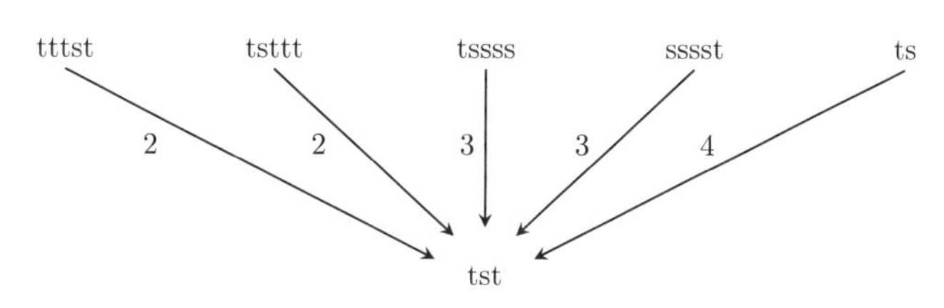


(c)　s $\Longrightarrow$ tst の証明

| | | | |
|---|---|---|---|
| $A$ | : | s | 仮定 |
| $A1$ | : | ss | 規則 1 |
| $A2$ | : | ssss | 規則 1 |
| $B1$ | : | sssst | 規則 4 |
| $B$ | : | tst | 規則 3 |

別解

| | | | |
|---|---|---|---|
| $A$ | : | s | 仮定 |
| $A1$ | : | ss | 規則 1 |
| $A2$ | : | ssss | 規則 1 |
| $B1$ | : | ts | 規則 3 |
| $B$ | : | tst | 規則 4 |

**問 2.13** **〔証明の考え方〕** 結論についての抽象質問,「ある三角形が正三角形であることを示すにはどうすればよいか」の答えとして「3辺の長さが等しいことを示せばよい」をとると,この場合 $\overline{\mathrm{SR}} = \overline{\mathrm{RT}} = \overline{\mathrm{TS}}$ を示すことになる.まず,$\overline{\mathrm{SR}} = \overline{\mathrm{TS}}$ を示すために,前進過程により仮定から三角形SRUと三角形STUの合同を証明する.実際,仮定から $\overline{\mathrm{RU}} = \overline{\mathrm{UT}}$,$\angle\mathrm{SUR} = \angle\mathrm{SUT} = 90°, \overline{\mathrm{SU}} = \overline{\mathrm{SU}}$ だから,2辺夾角の合同によってこれらの三角形は合同となる.次に,$\overline{\mathrm{SR}} = \overline{\mathrm{RT}}$ の証明は,仮定から $\overline{\mathrm{SR}} = 2\overline{\mathrm{RU}} = \overline{\mathrm{RU}} + \overline{\mathrm{UT}} = \overline{\mathrm{RT}}$ として得られる.

**〔証明〕** 三角形SRTが正三角形であることを証明するために,$\overline{\mathrm{SR}} = \overline{\mathrm{RT}} = \overline{\mathrm{TS}}$ を示す.SUがRTの垂直二等分線であることから,三角形SRUと三角形STUが合同になり(2辺夾角の合同),よって $\overline{\mathrm{SR}} = \overline{\mathrm{ST}}$.また,仮定から容易に $\overline{\mathrm{SR}} = 2\overline{\mathrm{RU}} = \overline{\mathrm{RU}} + \overline{\mathrm{UT}} = \overline{\mathrm{RT}}$.よって,$\overline{\mathrm{SR}} = \overline{\mathrm{RT}}$ を得る.□

## 第3章

**問 3.1** (a) 抽象質問:ある整数が奇数であることを示すにはどうすればよいか.
- (1) 抽象的な答え:その整数がある整数の2倍たす1になることを示す.
- (2) 具体的な答え:$n^2 = 2k + 1$($k$ は整数)と表されることを示す.

(b) 抽象質問:ある数が有理数であることを示すにはどうすればよいか.
- (1) 抽象的な答え:その数が二つの整数の比で,分母が0でないものとして表されることを示す.
- (2) 具体的な答え:$s/t = p/q$($p$, $q$ は整数で $q \neq 0$)と表されることを示す.

(c) 抽象質問:二つの実数の組が等しいことを示すにはどうすればよいか.
- (1) 抽象的な答え:二つの組の対応する要素が,それぞれ等しいことを示す.
- (2) 具体的な答え:$x_1 = x_2$, $y_1 = y_2$ であることを示す.

(d) 抽象質問:ある整数が素数であることを示すにはどうすればよいか.
- (1) 抽象的な答え:1より大きく,1とその整数以外では割れきれないことを示す.
- (2) 具体的な答え:$n > 1$ で,$p$ が $n$ を割り切るような正の整数ならば,$p = 1$ または $p = n$ となることを示す.

(e) 抽象質問:ある整数(第一の整数)で別の整数(第二の整数)が割り切れることを示すにはどうすればよいか.
- (1) 抽象的な答え:第二の整数が第一の整数と他の整数との積になることを示す.
- (2) 具体的な答え:適当な整数 $k$ に対し,

$$(n-1)^3 + n^3 + (n+1)^3 = 9k$$

となることを示す.

**問 3.2** 以下では,各設問の命題の仮定を $A$,前進過程を1回進めて得られる主張を $A_1$ と表すとする:

(a) $A$：$n$ は奇数である．
$A_1$：ある整数 $k$ により $n = 2k + 1$ と表される．

(b) $A$：$s$ と $t$ は有理数で，$t \neq 0$ である．
$A_1$：$s = a/b$，$t = c/d$（$a, b, c, d$ は整数で $b \neq 0$，$d \neq 0$）と表される．

(c) $A$：$\sin X = \cos X$．
$A_1$：$x/z = y/z$（あるいは $x = y$）．

(d) $A$：$a, b, c$ は 0 でない整数で $a|b$，$b|c$．
$A_1$：$a \neq 0$，$b \neq 0$ で，$b = pa$，$c = qb$ となるような整数 $p, q$ がある．

**問 3.3** 下の各表で，$T$ は真，$F$ は偽を表すとする：

(a) $A \Longrightarrow B$ の逆の真理表

| $A$ | $B$ | $A \Longrightarrow B$ | $B \Longrightarrow A$ |
|---|---|---|---|
| $T$ | $T$ | $T$ | $T$ |
| $T$ | $F$ | $F$ | $T$ |
| $F$ | $T$ | $T$ | $F$ |
| $F$ | $F$ | $T$ | $T$ |

(b) $A \Longrightarrow B$ の裏の真理表

| $A$ | $B$ | NOT $A$ | NOT $B$ | NOT $A \Longrightarrow$ NOT $B$ |
|---|---|---|---|---|
| $T$ | $T$ | $F$ | $F$ | $T$ |
| $T$ | $F$ | $F$ | $T$ | $T$ |
| $F$ | $T$ | $T$ | $F$ | $F$ |
| $F$ | $F$ | $T$ | $T$ | $T$ |

命題「$A$ ならば $B$」の逆と裏は同値で，どちらも，$A$ が偽で $B$ が真のとき，かつそのときだけ，命題は偽となる．

(c) $A$ または $B$（あるいは，$A \vee B$）の真理表

| $A$ | $B$ | $A \vee B$ |
|---|---|---|
| $T$ | $T$ | $T$ |
| $T$ | $F$ | $T$ |
| $F$ | $T$ | $T$ |
| $F$ | $F$ | $F$ |

(d) $A$ かつ $B$（あるいは，$A \wedge B$）の真理表

| $A$ | $B$ | $A \wedge B$ |
|---|---|---|
| $T$ | $T$ | $T$ |
| $T$ | $F$ | $F$ |
| $F$ | $T$ | $F$ |
| $F$ | $F$ | $F$ |

(e) $A$ かつ NOT $B$ (あるいは, $A \wedge (\text{NOT } B)$)

| $A$ | $B$ | NOT $B$ | $A \wedge (\text{NOT } B)$ |
|---|---|---|---|
| $T$ | $T$ | $F$ | $F$ |
| $T$ | $F$ | $T$ | $T$ |
| $F$ | $T$ | $F$ | $F$ |
| $F$ | $F$ | $T$ | $F$ |

(f) (NOT $A$) または $B$ (あるいは, $(\text{NOT } A) \vee B$))

| $A$ | $B$ | NOT $A$ | $(\text{NOT } A) \vee B$ |
|---|---|---|---|
| $T$ | $T$ | $F$ | $T$ |
| $T$ | $F$ | $F$ | $F$ |
| $F$ | $T$ | $T$ | $T$ |
| $F$ | $F$ | $T$ | $T$ |

上表の結果は, 表 1.1 (5 ページ) と一致するから, 命題「$A$ ならば $B$」は命題「NOT $A$ または $B$」と同値で, どちらも, $A$ が真で $B$ が偽のときだけ偽になる.

**問 3.4** (a) 逆：$n$ が偶数ならば, $n^2$ も偶数である.
裏：$n^2$ が奇数ならば, $n$ も奇数である.
対偶：$n$ が奇数ならば, $n^2$ も奇数である.

(b) 逆：$r$ が有理数でないならば, $r^2 = 2$ である.
裏：$r^2 \neq 2$ ならば, $r$ は有理数である.
対偶：$r$ が有理数ならば, $r^2 \neq 2$ である.

(c) 逆：四角形 ABCD が長方形ならば, 四角形 ABCD は直角をもつ平行四辺形である.
裏：四角形 ABCD が直角をもつ平行四辺形でないならば, 四角形 ABCD は長方形ではない.
対偶：四角形 ABCD が長方形でないならば, 四角形 ABCD は直角をもつ平行四辺形ではない.

**問 3.5** **〔証明の考え方〕** 前進後退法により, 抽象質問「…(ここでは $A$) ならば, …(ここでは $C$) ということを示すにはどうすればよいか」を得る. 表 1.1 から,「ならば」の左の仮定が真であるとみなして,「ならば」の右の結論を導くことになる. この場合, $A$ が真であると仮定して, $C$ も真であることを証明すればよい.

仮定の方から考えると,「$A$ ならば $B$」が真で $A$ が真だから, $B$ も真になる. $B$ が真で「$B$ ならば $C$」が真だから, $C$ も真となり証明が完了する.

**〔証明〕**「$A$ ならば $C$」が真であることをいうために, $A$ は真であると仮定する. 仮定から,「$A$ ならば $B$」が真だから $B$ が真になる. ここで, 仮定により「$B$ ならば $C$」も真だから $C$ も真になり, 証明された. □

**問 3.6** 〔証明の考え方〕まず $A$ と $B$ の同値なことを示すため，前進後退法を用い，抽象質問「二つの主張（ここでは $A$ と $B$）が同値なことを示すにはどうすればよいか」を得る．定義 8（24 ページ）により，「$A$ ならば $B$」（仮定で与えられている）と「$B$ ならば $A$」とを示せばよい．仮定と問 3.5 により，「$B$ ならば $A$」も真となる．

$A$ と $C$ の同値なことの証明も同様である．

〔証明〕仮定「$A$ ならば $B$」から，$A$ と $B$ が同値なことを示すためには，「$B$ ならば $A$」であることを示せばよい．これは，問 3.5 により，仮定「$B$ ならば $C$」および「$C$ ならば $A$」が真であるから，「$B$ ならば $A$」も真となる．同様にして，$A$ と $C$ も同値となる．□

**問 3.7** 〔証明の考え方〕前進後退法により，抽象質問「ある整数（ここでは $n^2$）が奇数であることを示すにはどうすればよいか」を得る．奇数の定義を用いた答えをこの場合に適用すると，$n^2 = 2k + 1$ となる整数 $k$ を求めることになる．そこで，これを求めるために，仮定から前進過程を進める．

$n$ が奇数だから，定義より，ある整数 $m$ を用いて $n = 2m + 1$ と表される．よって，$n^2 = (2m + 1)^2 = 4m^2 + 4m + 1 = 2(2m^2 + 2m) + 1$．したがって，求める $k$ の値は $2m^2 + 2m$ であることがわかる．$m$ が整数であるのでこの値も整数である．よって，$n^2$ が奇数であることが証明された．

〔証明〕$n$ が奇数だから，$n = 2m + 1$ となる整数 $m$ がある．よって，

$$n^2 = (2m + 1)^2 = 4m^2 + 4m + 1 = 2(2m^2 + 2m) + 1$$

となり，$n^2$ は奇数である．□

**問 3.8** 〔証明の考え方〕前進後退法により，抽象質問「ある三角形が二等辺三角形であることを示すにはどうすればよいか」を得る．二等辺三角形の定義から，2 辺が等しいことを示さなければならないが，この場合は，題意から $u = v$ を示すことになる．仮定から $\sin U = \sqrt{u/(2v)}$ と与えられ，正弦の定義から $\sin U = u/w$ となるから，$\sqrt{u/(2v)} = u/w$．よって，$u/(2v) = u^2/w^2$．これを変形すると $w^2 = 2uv$．一方，ピタゴラスの定理により，$u^2 + v^2 = w^2$．これに前式を代入すると，$u^2 + v^2 = 2uv$ となり，すなわち，$u^2 - 2uv + v^2 = 0$ を得る．したがって，$(u - v)^2 = 0$，すなわち $u - v = 0$．よって，$u = v$ が証明された．

〔証明〕$\sin U = \sqrt{u/(2v)}$ と $\sin U = u/w$ とから，$\sqrt{u/(2v)} = u/w$ が得られる，よって $w^2 = 2uv$．一方，ピタゴラスの定理により，$u^2 + v^2 = w^2$．よって，$u^2 + v^2 = 2uv$．これより $u = v$ が得られる[29]．□

**問 3.9** 〔証明の考え方〕与えられた三角形 UVW に対して命題 1 の仮定が成り立つことを確かめるために，記号の対応を考える．すなわち，$x = u$，$y = v$，$z = w$ とすると，$uv/2 = w^2/4$ を示すことになる．仮定 $\sin U = \sqrt{u/(2v)}$ から前進過程

[29] 訳注：この問題の想定図と図 3.1 との対応は以下のとおり．
頂点：$U$ は $R$，$V$ は $S$，$W$ は $T$．　辺：$u$ は $r$，$v$ は $s$，$w$ は $t$ となる．

を進めると，正弦の定義より $\sin U = u/w$ であるから，$\sqrt{u/(2v)} = u/w$，よって，$w^2 = 2uv$ となり，$uv/2 = w^2/4$ を得る．

〔証明〕仮定により，$\sin U = \sqrt{u/(2v)}$．また，正弦の定義から $\sin U = u/w$．よって，$\sqrt{u/(2v)} = u/w$．これから，$uv/2 = w^2/4$ が得られ，直角三角形UVWは命題1の仮定を満たす．したがって，三角形UVWは（直角）二等辺三角形であることが証明された[30]．□

## 第4章

**問 4.1** (a) 〔証明の考え方〕構成法を用いる．問題文中の数式の分母をはらって方程式 $2x^2 - 5x + 3 = 0$ が得られる．よって，この式から整数解 $x$ は定数項3の約数 $\pm 1, \pm 3$ のいずれかになる．これらを代入して $x = 1$ だけが解であることがわかる．（なお，この方程式左辺は $(x-1)(x-3/2) = 0$ のように因数分解される．）

〔証明〕条件から，$2x^2 - 5x + 3 = 0$．よって，整数解は定数項3の約数であることが必要となる．定数項3の約数 $\pm 1, \pm 3$ の値を数式 $2x^2 - 5x + 3 = 0$ の左辺の $x$ に代入すると，このうち1だけが解になる．よって，整数解はただ一つ存在する．□

(b) (a) の証明から，$x = 1$ は一つの実数解である．また，2次方程式の解の公式を用いると，$x = (5 \pm \sqrt{25-24})/4$．これより $x = 3/2$ という別の実数解があることがわかるので，実数解の個数は一つではない．（注意：(a) においても，2次方程式の解の公式を用いて整数解を求めることは可能である．）

**問 4.2** 〔証明の考え方〕前進後退法により「ある整数（ここでは $a$）で他の整数（ここでは $c$）が割り切れることを示すにはどうすればよいか」という抽象質問が得られる．定義1により，$c = ak$ となる整数 $k$ が存在することを示せばよい．「存在する」という量化詞があるので，前進過程に戻って求める $k$ を構成することを考えよう．

$a|b, b|c$ という仮定から，$b = ap, c = bq$ となる整数 $p, q$ が存在する．よって，$c = bq = (ap)q = a(pq)$ となり，求める整数 $k$ は $k = pq$ により与えられる．

〔証明〕$a|b, b|c$ という仮定から，$b = ap, c = bq$ となる整数 $p, q$ が存在する．よって，$c = bq = (ap)q = a(pq)$ となり，$a|c$．□

**問 4.3** 〔証明の考え方〕前進後退法により「ある実数（ここでは $s/t$）が有理数であることを示すにはどうすればよいか」という抽象質問が得られる．定義7（3.1節24ページ参照）により，$q \neq 0$ で $s/t = p/q$ となる整数 $p, q$ が存在することを示せばよい．「存在する」という量化詞があるので，前進過程に戻って条件を満たす整

---

[30] 訳注：この問題の想定図と図2.1との対応は以下のとおり．
頂点：$U$ は $X$，$V$ は $Y$，$W$ は $Z$．　辺：$u$ は $x$，$v$ は $y$，$w$ は $z$ となる．

数 $p$, $q$ を求めよう．

$s$ と $t$ が有理数という仮定から，定義7により，$b \neq 0$, $d \neq 0$ で $s = a/b$, $t = c/d$ となる整数 $a$, $b$, $c$, $d$ が存在する．$t \neq 0$ という仮定から，$c \neq 0$．よって，$s/t = (a/b)/(c/d) = ad/(bc)$, $bc \neq 0$．これから，$p = ad$, $q = bc$ とおけば，これらは整数で，条件 $q \neq 0$ で $s/t = p/q$ を満たすことがわかる．

〔証明〕$s$ と $t$ が有理数だから，$b \neq 0$, $d \neq 0$ で $s = a/b$, $t = c/d$ となる整数 $a$, $b$, $c$, $d$ が存在する．このとき，$t \neq 0$ だから $c \neq 0$．$p = ad$, $q = bc$ とおけば，これらは整数で $q \neq 0$．これに対し $s/t = (a/b)/(c/d) = ad/(bc) = p/q$ となり，$s/t$ は有理数である．□

## 第5章

**問5.1** 各設問 (a)〜(e) の「対象」,「ある性質」,「成り立つこと」は以下のとおり．

(a) 対象：実数 $x$
性質：なし
成り立つこと：$f(x) \leq f(x^*)$

(b) 対象：要素 $x$
性質：$x$ は集合 $S$ に属する
成り立つこと：$f(x) \geq g(x)$

(c) 対象：要素 $x$
性質：$x$ は集合 $S$ に属する
成り立つこと：$x \leq u$

(d) 対象：要素 $x$, $y$ と実数 $t$
性質：$x, y \in C$, $0 \leq t \leq 1$
成り立つこと：$tx + (1-t)y \in C$

(e) 対象：実数 $x$, $y$ と $t$
性質：$0 \leq t \leq 1$
成り立つこと：$f(tx + (1-t)y) \leq tf(x) + (1-t)f(y)$

**問5.2** (a) $\exists$ 山 $M$ s.t. $\forall$ 山 $N \neq M$，山 $M$ は山 $N$ より高い．

(b) $\forall$ 角 $t$，$\sin 2t = 2 \sin t \cos t$

(c) $\forall p \geq 0, \forall q \geq 0, \sqrt{pq} \leq (p+q)/2$.

(d) $\forall$ 実数 $x, y\,(x < y)$, $\exists$ 有理数 $r$ s.t. $x < r < y$.

**問5.3** (a) $x'$ を実数とし，$f(x') \leq f(x^*)$ となることを示す．

(b) $x'$ を $S$ の要素とし，$f(x') \geq g(x')$ となることを示す．

(c) $x'$ を $S$ の要素とし，$x' \leq u$ を示す．

(d) $x', y' \in C$，$0 \leq t' \leq 1$ として，$t'x' + (1-t')y' \in C$ を示す．

(e) $x', y', t'$ は実数で $0 \leq t' \leq 1$ とし，

$$f(t'x' + (1-t')y') \leq t'f(x') + (1-t')f(y')$$

を示す．

## 第6章

**問 6.1** **〔証明の考え方〕** 前進後退法により，「ある集合（ここでは $R$）が他の集合（ここでは $T$）の部分集合であることを示すにはどうすればよいか」という抽象質問が得られる．その答えは定義から得られ，この場合，

$B1$：$R$ に属するすべての $r$ に対して，$r \in T$

を示せばよい．「すべての」という量化詞が後退過程に現れたから，抽出法を用いる．$r'$ を $R$ の要素（つまり，$r' \in R$）とし，仮定を用いて $r' \in T$ を示そう．

前進過程に移ると，仮定から $R \subseteq S$，$S \subseteq T$ であるが，定義により，これらはそれぞれ，

$A1$：すべての $r \in R$ は $r \in S$ でもある
$A2$：すべての $s \in S$ は $s \in T$ でもある

を意味する．$A1$ を（$R$ に属する）$r'$ の場合に特殊化すると，$r'$ は $S$ に属する．そこで，$A2$ を（$S$ に属する）$r'$ の場合に特殊化すると，$r'$ が $T$ に属することがわかり，$B1$ が得られたから証明が完了する．

**〔証明〕** $R$ が $T$ の部分集合であることを示すために，$R$ に属するすべての $r$ が $T$ に属することを示す．$r'$ が $R$ に属するとする．仮定から $R$ は $S$ の部分集合だから，$r'$ は $S$ に属する．また，仮定から $S$ は $T$ の部分集合だから，$r'$ は $T$ に属する．□

**問 6.2** **〔証明の考え方〕** 前進後退法により，「ある集合（ここでは $S \cap T$）が凸集合であることを示すにはどうすればよいか」という抽象質問が得られる．定義（問 5.1(d) 参照）から得られる答えとして，この場合

$B1$：$S \cap T$ に属するすべての $x, y$ と $0 \leq t \leq 1$ であるすべての実数 $t$ に対し，$tx + (1-t)y$ も $S \cap T$ に属する

を示せばよい．「すべての」という量化詞が後退過程に現れたから，抽出法を用いる．$x', y'$ を $S \cap T$ の要素とし，$t'$ を $0 \leq t' \leq 1$ を満たす実数として，

$B2$：$t'x' + (1-t')y'$ も $S \cap T$ に属する

を証明する．そのために，仮定から出発し，上に述べたことを用いて，$t'x' + (1-t')y'$ が集合 $S$ と $T$ の両方に属することを示そう．$S$ が凸集合であるという仮定から，定義により

$A1$：集合 $S$ のすべての（任意の）要素 $x, y$ と $0 \leq t \leq 1$ を満たすすべての実数 $t$ に対し，$tx + (1-t)y$ は $S$ の要素である

が成り立つ．これを特殊化して，上に与えた $x', y'$ および $t'$ に適用すると，$t'x' + (1-t')y'$ は $S$ の要素となる．同様にして，$t'x' + (1-t')y'$ は $T$ の要素であることもいえて，証明が完了する．

**〔証明〕** $S \cap T$ が凸集合であることを示すために，$x', y' \in S \cap T$ とし，$0 \le t' \le 1$ の任意の $t'$ に対し，$t'x' + (1-t')y' \in S \cap T$ を示す．$S$ が凸集合であるという仮定から，$t'x' + (1-t')y' \in S$ である．また，$T$ が凸集合であるという仮定から，$t'x' + (1-t')y' \in T$ でもあることから，この要素は集合 $S \cap T$ に属する．よって，$S \cap T$ は凸集合である．□

**問 6.3** **〔証明の考え方〕**「すべての」という量化詞が結論の中にあるので，抽出法を用いる．任意の実数 $s' \ge 0$ をとり，$s'f$ が凸関数であることを示そう．これに対応して「ある関数（ここでは $s'f$）が凸関数であることを示すにはどうすればよいか」という抽象質問が得られ，問 5.1(e) の定義から，

$B1$：すべての実数 $x, y$ と $0 \le t \le 1$ を満たすすべての $t$ に対して，
$s'f(tx + (1-t)y) \le ts'f(x) + (1-t)s'f(y)$

を示せばよい．「すべての」という量化詞が後退過程に現れたので，抽出法を用いる．ある実数 $x', y'$ と $0 \le t' \le 1$ に対し，

$B2$：$s'f(t'x' + (1-t')y') \le t's'f(x') + (1-t')s'f(y')$

を示そう．$f$ が凸関数という仮定から始めて，前向きに推論すると，問 5.1(e) の定義から，

$A1$：すべての実数 $x, y$ と $0 \le t \le 1$ を満たすすべての $t$ に対し，
$f(tx + (1-t)y) \le tf(x) + (1-t)f(y)$

が成り立つ．これを特殊化して，$x', y'$ および $t'$ に適用すると（$0 \le t' \le 1$ に注意），

$A2$：$f(t'x' + (1-t')y') \le t'f(x') + (1-t')f(y')$

が得られる．$A2$ の不等式の両辺に $s' \ge 0$ をかけても不等号の向きは変化しないので，結果として $B2$ の不等式が得られ，証明は完了する．

**〔証明〕** $s' \ge 0$ とし，これに対して $s'f$ が凸関数になることを示すため，実数 $x', y'$ と $0 \le t' \le 1$ に対し，
$s'f(t'x' + (1-t')y') \le t's'f(x') + (1-t')s'f(y')$
を示そう．仮定により $f$ は凸関数であり，その定義から，
$f(t'x' + (1-t')y') \le t'f(x') + (1-t')f(y')$
が得られる．この不等式の両辺に $s'$ をかけると，$s' \ge 0$ であるから，求める不等式が得られる．□

## 第7章

**問 7.1** (a) 対象：実数 $\varepsilon$

性質： $\varepsilon > 0$

成り立つこと：$\exists \delta > 0$ s.t. $y$ が実数で $|x-y| < \delta$ ならば $|f(x)-f(y)| < \varepsilon$

(b) 対象：実数 $\varepsilon$

性質： $\varepsilon > 0$

成り立つこと：$\exists$ 整数 $j > 0$ s.t. $\forall$ 整数 $k > j$, $|x_k - x| < \varepsilon$

**問 7.2** **〔証明の考え方〕** 前進後退法により「ある数（ここでは1）がある集合の（ここでは $S$）の上限であることを示すにはどうすればよいか」という抽象質問が得られる．この問題文に与えられている〈上限の同値な定義〉から得られる答えにより，

$B1$：1 が $S$ の上界であり，任意の $\varepsilon > 0$ に対し，$x \in S$ で $x > 1 - \varepsilon$ となるものが存在する

という主張が成り立つことを示せばよい．

まず，主張 $B1$ の前段の部分を証明するには，抽象質問「ある数（ここでは1）がある集合（ここでは $S$）の上界であることを示すにはどうすればよいか」が得られる．この抽象質問の答えは，定義14または問5.1(c) の定義から得られ，この問題では

$B2$： すべての要素 $x \in S$ に対して $x \leq 1$

という主張 $B2$ が成り立つことを示せばよい．「すべての」という量化詞が後退過程で現れたので，抽出法を用いる．そこで，$x$ を $S$ の要素とし，

$B3$：$x \leq 1$

を示すことにする．ここで，$x \in S$ であるが，$S$ が

$S = \{$ 実数 $x$ : $\exists$ 整数 $n \geq 2$ s.t. $x = 1 - \frac{1}{n}\}$

と表されることに注意しよう．$x \in S$ であるから，$x = 1 - 1/n$ となるような $n \geq 2$ が存在し，したがって，$x = 1 - 1/n \leq 1$ となり，$B3$ が成り立つ．

$B1$ に戻り，もう一つ

$B4$：すべての $\varepsilon > 0$ に対し，ある要素 $x \in S$ で，$x > 1 - \varepsilon$ となるものが存在する

ことを示す必要がある．そこで，再度抽出法を用いて任意の $\varepsilon > 0$ をとり，これに対して，

$B5$： $x > 1 - \varepsilon$ となるような要素 $x \in S$ が存在する

ことを示そう．構成法によってこのような要素 $x \in S$ を得るため前進過程に移ると，仮定から $S$ の要素は整数 $n \geq 2$ に対する $1 - 1/n$ の全体であるから，整

数 $n \geq 2$ で $1 - 1/n > 1 - \varepsilon$ となるものを見つければ，$x = 1 - 1/n$ が求めるものになる．整数 $n \geq 2$ で $n > 1/\varepsilon$ となるものをとれば，$1 - 1/n > 1 - \varepsilon$ となるので証明が完了する．

**〔証明〕** まず，1 が $S$ の上界であることを示すために，要素 $x \in S$ とする．$x = 1 - 1/n$ となる $n \geq 2$ が存在するので，$x \leq 1$ となり，したがって，1 は $S$ の上界である．次に，任意の $\varepsilon > 0$ に対し，$x \in S$ で $x > 1 - \varepsilon$ となるものを与えれば，証明は完了する．実際，$n > 1/\varepsilon$ となる整数 $n \geq 2$ をとれば，$x = 1 - 1/n$ が条件を満たす．□

## 第8章

**問 8.1** (a) $f$ と $g$ は 1 変数の関数，$S$ は実数の集合とする．集合 $S$ 上で $f \leq g$ でないのは，ある要素 $x \in S$ で $f(x) > g(x)$ となるものが存在するときである．

(b) $u$ は実数，$S$ はある実数の集合とする．$u$ が $S$ の上界でないのは，ある要素 $x \in S$ で，$x > u$ となるものが存在するときである．

(c) $C$ はある実数の集合とする．$C$ が凸集合でないのは，$x, y \in C$ と $0 \leq t \leq 1$ を満たす実数 $t$ で，$tx + (1-t)y \notin C$ となる要素が存在するときである．

(d) $f$ は 1 変数の関数とする．$f$ が凸関数でないのは，実数 $x, y$ と $0 \leq t \leq 1$ を満たす実数 $t$ で，

$$f(tx + (1-t)y) > tf(x) + (1-t)f(y)$$

となるものが存在するときである．

**問 8.2** (a) 集合 $S$ の要素で，$T$ に属さないものはない．

(b) 0 と $\pi/2$ の間のすべての角 $t$ に対し $\sin t \neq \cos t$ である，ということは真でない．

(c) 「ある性質」をもつ「対象」で，「あること」が成り立たないものは存在しない．

(d) 「ある性質」をもつすべての「対象」について「あること」が成り立たない，ということは真でない．

## 第9章

**問 9.1** (a) 仮定：$l, m, n$ を連続する 3 整数とすると，$l^2 + m^2 + n^2 + 1$ は 24 で割り切れる．

(b) 仮定：整数 $n$ が $n > 2$ であるならば，正の整数 $x, y, z$ に対して $x^n + y^n = z^n$ を満たす解 $x, y, z$ が存在する．

(c) 仮定：$f$ と $g$ は $g \geq f$ となる二つの関数で，$f$ は上に有界でなく，$g$ は上に有界である．

**問 9.2** (a) 素数の個数は有限ではない．

(b) 実数の集合 $S$ は有界ではない．

(c) ある正の整数 $p$ は，1 と $p$ 以外の正の整数では割り切れない．

(d) 平面 $P$ 内の異なる直線 $l$ と $l'$ は交わらない．

**問 9.3** (a) (1) 構成法を用いる．

(2) $S$ のある特別な要素 $s$ を構成し，$s \in T$ を示す．

(b) (1) 抽出法，背理法をこの順で用いる．

(2) $s' \in S$ とし，$s' > t$ を満たす要素 $t$ が $T$ の中に存在しないことを示す．そのために背理法を用い，$s' > t$ となる $t$ が $T$ の中に存在すると仮定して矛盾を導く．

(c) (1) 背理法を用いる．

(2) ある $M > 0$ に対し，集合 $S$ のすべての要素 $x$ に対して $|x| < M$ となるものが存在すると仮定して矛盾を導く．

**問 9.4** **〔証明の考え方〕** 背理法を用いるため，

$A$：$n$ は整数で $n^2$ は偶数である
NOT $B$：$n$ は偶数ではない，すなわち，$n$ は奇数である

と仮定すると，奇数の定義から，ある整数 $k$ により，$n = 2k + 1$ と表される．そのとき，

$n^2 = (2k+1)^2 = 4k^2 + 4k + 1 = 2(2k^2 + 2k) + 1$

となり，$n^2$ は奇数となることから，仮定 $A$ に矛盾する．よって，証明された．

**〔証明〕** 証明されるべき命題の結論の否定形は「$n$ は奇数」であり，$n^2$ は偶数であると仮定されている．そのとき，$n = 2k + 1$ となる整数 $k$ が存在するので，

$n^2 = (2k+1)^2 = 4k^2 + 4k + 1 = 2(2k^2 + 2k) + 1.$

よって，$n^2$ は奇数となり，はじめの仮定と矛盾する．□

**問 9.5** **〔証明の考え方〕** ある円の弦で，その円の直径より長いものが存在すると仮定して推論を進める．正しい証明を与えるためには，この仮定と円の性質を用いて，矛盾に到達することを示す必要がある．

AC を円の直径より長い弦とし，A を端点とする直径を AB とする．定義により，直径は円の中心を通る弦であり，このような弦は存在する（次の図を参照のこと）．このとき，∠ACB は（直径上の円周角であるので）90° で △ABC は AB を斜辺とする直角三角形となる．そのとき，直角三角形の斜辺の長さ（図での $\overline{\mathrm{AB}}$）が他の辺（図での $\overline{\mathrm{AC}}$）より短いことになり，これは不可能であるから，矛盾に到達した．

**〔証明〕** 円の直径より長い弦が存在すると仮定して，その弦を AC とする．A を端点とする直径 AB を引き，B と C を結ぶ弦を引くと，AB を斜辺とする直角三角形となる．よって，$\overline{\mathrm{AB}} > \overline{\mathrm{AC}}$ となるので，はじめの仮定に矛盾することが示された．□

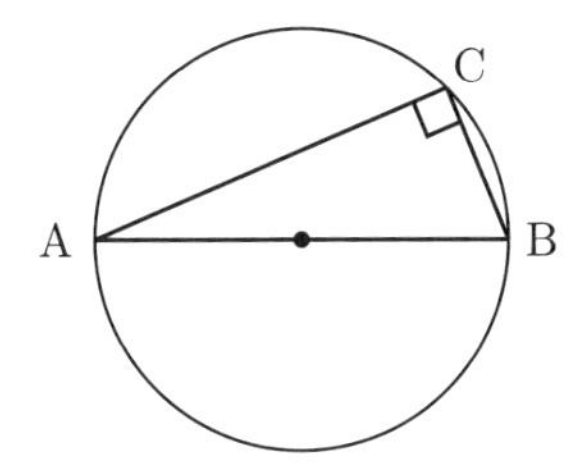


**問 9.6** 〔証明の考え方〕背理法により，素数の個数が有限であると仮定する．そのとき，他のすべての素数より大きい素数が存在する．それを $n$ とする．整数 $n!+1$ を考え，その素因数の一つを $p$ とする．仮定から $n$ は最大の素数であるから，$p \leq n$ である．よって，$p > n$ を示せば，矛盾となる．

ここで，$n!+1$ が $p$ で割り切れることを用いて，この素因数 $p$ は $n$ 以下のどの整数とも等しくないことを示し，矛盾となることを示そう．構成された整数 $n!+1$ は階乗の定義から

$$n!+1 = n(n-1)(n-2)\cdots 2\cdot 1+1$$

であるから，これを2で割ると余りは1になる．同様にして，$1 < r \leq n$ である任意の整数 $r$ に対して，$n!$ は $r$ で割り切れるので，$n!+1$ を $r$ で割った余りは1になる．よって，$n!+1$ は2から $n$ までのどの整数でも割り切れないから，この範囲の素因数をもたない．$n!+1$ の素因数の一つを $p(\geq 2)$ としたから，$p > n$ となり，$n$ が最大の素数であるという仮定に矛盾する．よって，証明が完了する．

〔証明〕主張とは反対に，素数が有限個であると仮定し，最大の素数を $n$ とする．$n!+1$ は1ではない整数であるから，その素因数の一つを $p$ とすると，$2 \leq p \leq n$ となる．しかし，$n!+1$ という整数は2から $n$ のいずれの整数によっても割り切れないから，この素因数 $p$ は $p > n$ となり矛盾に至った．□

## 第10章

**問 10.1** (a) 仮定：$n$ は奇数
結論：$n^2$ は奇数
(b) 仮定：$S \subseteq T$ で，$T$ は有界
結論：$S$ は有界

**問 10.2** この命題を対偶法により証明するには，$\sin t = r\cos t$, $0 \leq t \leq \pi/4$ を満たす実数 $t$ が存在すると仮定して証明を始めるので，(仮定である) 等式の両辺を2乗して得られる式(b)が前進過程を進めて得られる最初の結果とみなせる．

**問 10.3** 対偶法による証明では，NOT $B$ から前向きに，NOT $A$ から後ろ向きに推論を進める．よって，抽象質問は（対偶法での結論である）NOT $A$ について立てる．(a) と (c) は NOT $B$ に適用されており，(a) と (b) は問題に固有な記号が使われていることより，(a), (b), (c) は正しくない．以上から，(d) が正しいこ

とがわかる．

**問 10.4** 〔**証明の考え方**〕対偶法により，この方程式に整数解があると仮定し，それを $m$ とする．このとき，$c$ が奇数でない，つまり，偶数であることを示せばよい．$m^2+m-c=0$ から，$c=m^2+m=m(m+1)$ が得られる．連続する二つの整数 $m$ と $m+1$ のいずれかは偶数となるから，二つの整数の積である $c$ は偶数となり，証明終了となる．

〔**証明**〕整数解 $m$ が存在すると仮定すると，$m^2+m-c=0$ を得る．よって，式変形により $c=m^2+m=m(m+1)$ として連続する二つの整数の積と表されるから，$c$ は偶数となる．□

## 第 11 章

**問 11.1** 〔**証明の考え方**〕まず，条件を満たす $y$ が存在することを示す必要があり，構成法を用いる．求める $y<0$ が構成されたならば，

$$x'=\frac{2y}{1+y},\quad x'+x'y=2y,\quad (x'-2)y=-x',\quad y=-\frac{x'}{x'-2}$$

となる．実際，このように $y$ を構成すると，条件を満たすことを確認しやすい．ここで，$x'>2$ であるから，$y<0$ となる．次に，一意性を示す必要がある．前進一意法により証明を進めるとすると，$y$ と $z$ がともに実数で，$x=2y/(1+y)$，$x=2z/(1+z)$ と表されたとし，前向きに計算を進めて $y=z$ を導くことにする．ここで，

$$\frac{2y}{1+y}=\frac{2z}{1+z}(=x)$$

から，

$$y+yz=z+yz.$$

よって，$y=z$ であり，一意性が示され，証明が終了する．

〔**証明**〕まず，条件を満たす $y$ の存在を示す．$x'>2$ とし，$y=-x'/(x'-2)$ とおくと，$x'>2$ より $y<0$ である．また，前式で分母をはらって $x'$ について解くと $x'=2y/(1+y)$ となり，条件を満たす．次に，$y$ の一意性を示すために，$y$ と $z$ が $y<0, z<0, x=2y/(1+y), x=2z/(1+z)$ を満たすとすると，$2y/(1+y)=2z/(1+z)$ となる．これより，$y+yz=z+yz$ が得られ，$y=z$ が示された．□

**問 11.2** 〔**証明の考え方**〕まず，$x$ の存在を示す必要がある．$m\neq 0$ であるから，$x=-b/m$ とおくと，

$$mx+b=m\times\left(-\frac{b}{m}\right)+b=-b+b=0.$$

よって，このような $x$ は存在する．

一意性を間接一意法により証明するために，

$mx + b = 0,\ my + b = 0,\ x \neq y$

を仮定する．これから，$m = 0$ を導くことによって矛盾を示そう．実際，$mx + b = 0 = my + b$ から，$m(x - y) = 0$ を得る．ここで，仮定より，$x - y \neq 0$ であるから，$m = 0$ となり，仮定 $m \neq 0$ に矛盾する．

**〔証明〕** 仮定により $m \neq 0$ ゆえ，$x = -b/m$ とおくと，$mx + b = 0$ を得る．

次に，$y \neq x$ で $y$ も $my + b = 0$ を満たすとすると，$mx + b = my + b$ から，$m(x - y) = 0$ となり，$x - y \neq 0$ であるから，$m = 0$ となり，仮定 $m \neq 0$ に矛盾する．□

**問 11.3** **〔証明の考え方〕** まず，存在について示す．$(a + bi)(c + di) = 1$ となる複素数 $c + di$ を求めるため，$c = a/(a^2 + b^2),\ d = -b/(a^2 + b^2)$ とおくと（仮定から，$a$ と $b$ の少なくとも一方は 0 ではないので，分母は 0 ではない），

$$(a + bi)(c + di) = ac - bd + (ad + bc)i = \frac{a^2 + b^2}{a^2 + b^2} + 0i = 1.$$

一意性を示すため，複素数 $e + fi$ も $(a + bi)(e + fi) = 1$ を満たすとして，これが $c + di$ に等しいことを示す．上の等式の両辺に $e + fi$ をかけると，

$(e + fi)\{(a + bi)(c + di)\} = (e + fi) \times 1.$

よって，

$\{(e + fi)(a + bi)\}(c + di) = e + fi.$

ここで，仮定より

$(e + fi)(a + bi) = 1.$

ゆえに，$c + di = e + fi$ となることが示された．

**〔証明〕** $a \neq 0$ または $b \neq 0$ であるから，$a^2 + b^2 \neq 0$ である．よって，$c = a/(a^2 + b^2),\ d = -b/(a^2 + b^2)$ とおくと，

$(a + bi)(c + di) = ac - bd + (ad + bc)i = 1.$

次に，一意性を示すために，複素数 $e + fi$ も $(a + bi)(e + fi) = 1$ を満たすとする．上式より，

$(e + fi)(a + bi)(c + di) = e + fi.$

ここで，$(e + fi)(a + bi) = 1$ ゆえ，$c + di = e + fi$ である．よって，一意性も示された．□

## 第 12 章

**問 12.1** (a), (c), (d) に対しては，帰納法が適用できる．

(b) は「すべての」ではなく「存在する」という量化詞が使われているので，帰納法は適用できない．

(e) では，$n$ が実数であるから帰納法は適用できない．帰納法は $n$ がある数以上の整数のときに適用できる．

**問 12.2** 〔証明〕まず，$P(1)$ が成り立つことを証明するため $n=1$ とおくと，証明すべき式は，

$1 \times 1! = (1+1)! - 1$

となるが，この式は両辺とも 1 であるから成り立つ．

次に，$P(n)$ が成り立つと仮定して，$P(n+1)$ が成り立つことを示す：

$$P(n) : 1 \times 1! + 2 \times 2! + \cdots + n \times n! = (n+1)! - 1.$$

$$P(n+1) : 1 \times 1! + 2 \times 2! + \cdots + n \times n! + (n+1) \times (n+1)! = (n+2)! - 1.$$

$P(n+1)$ の左辺を $P(n)$ を用いて変形すると，

$$\begin{aligned}
&(1 \times 1! + 2 \times 2! + \cdots + n \times n!) + (n+1) \times (n+1)! \\
&= \{(n+1)! - 1\} + (n+1) \times (n+1)! \\
&= \{1 + (n+1)\} \times (n+1)! - 1 \\
&= (n+2) \times (n+1)! - 1 \\
&= (n+2)! - 1
\end{aligned}$$

となり，$P(n+1)$ が成り立つ．よって証明された．□

**問 12.3** 〔証明〕まず，$n=5$ のときに成り立つことを示そう．$2^5 = 32$，$5^2 = 25$ であるから $2^5 > 5^2$ となり，$P(5)$ が成り立つ．

次に，ある $n \geq 5$ に対し，$P(n)$ が成り立つと仮定して $P(n+1)$ が成り立つことを示す．

$$P(n) : 2^n > n^2.$$

$$P(n+1) : 2^{n+1} > (n+1)^2.$$

$P(n+1)$ の左辺を $P(n)$ を用いて変形すると，$2^{n+1} = 2 \times 2^n > 2n^2$ となるから，$n \geq 5$ のときに，$2n^2 > (n+1)^2 = n^2 + 2n + 1$ すなわち，$n^2 > 2n+1$ を示せばよい（実際は $n \geq 3$ に対して不等式 $n^2 > 2n+1$ は成り立つ）．$n \geq 5$ のとき $n^2 > 2n+1$ が成り立つことは，帰納法により以下のように証明される．

(1) $n=5$ のとき，$n^2 = 25$，$2n+1 = 11$ であり，よって成り立つ．

(2) $n$ のとき成り立つとすると，

$n^2 > 2n+1 > 2$

であるから，

$$(n+1)^2 = n^2 + 2n + 1 > 2 + 2n + 1 = 2(n+1) + 1$$

となり，$n+1$ のときにも成り立つ[31]．□

**問 12.4** 〔証明〕要素がただ一つの集合の場合，要素を $x$ とすると，部分集合は $\{x\}$ と空集合 $\varnothing$ だけであるから，部分集合の個数は $2^1 = 2$ 個となり，成り立つ．

次に，$n$ 個の要素からなる集合の部分集合の個数が $2^n$ であると仮定して，$n+1$ 個の要素からなる集合の部分集合の個数が $2^{n+1}$ になることを示そう．$n+1$ 個の要素 $x_1, x_2, \ldots, x_{n+1}$ からなる集合を $S$ とする．$S$ の部分集合のうち $x_{n+1}$ を含まないものは $\{x_1, x_2, \ldots, x_n\}$ の部分集合であるから，帰納法の仮定により，その部分集合の個数は $2^n$ となる．また，$x_{n+1}$ を含むものはこれらの各々に $x_{n+1}$ を付け加えて得られるから，やはり $2^n$ 個ある．よって，$S$ の部分集合の総数は，$2^n + 2^n = 2 \times 2^n = 2^{n+1}$ となることが示された．よって，命題は $n+1$ に対しても成り立つ．□

**問 12.5** 〔証明〕$S = 1 + 2 + \cdots + (n-1) + n$

とすると，

$$S = n + (n-1) + \cdots + 2 + 1$$

とも表される．そこで，右辺の対応する項を加えると

$$2S = (n+1) + (n+1) + \cdots + (n+1) + (n+1) = n(n+1).$$

よって，$S = n(n+1)/2$ となる．□

(この証明は構成的だが着想に工夫を要する．帰納法による証明は，はじめに結果を予想しなければならないが，手続きに工夫を要しない．)

**問 12.6** (a) 結論 $B$ の中に「ある性質をもつすべての対象について，あることが成り立つ」という形が現れたとき，一般的には抽出法が用いられるが，特に対象が整数で，与えられた性質が「ある整数以上」となっているときは帰納法が用いられる．このような場合に帰納法が用いられるのは，ある性質が与えられたとき，抽出法を用いるため，$n$ に対してあることが成り立つことを直接示すよりも，$n$ に対して成り立つことを仮定して $n+1$ のときにも成り立つことを示す方がかなりやさしい場合が多いからである．

(b) 対象が整数でなく，たとえば実数についての命題である場合には，$P(n)$ から $P(n+1)$ を導いても，$n$ と $n+1$ の間にある値が抜けてしまうので，それらの中間の値に対しては証明されたことにはならないから，帰納法は用いられない．

**問 12.7** (a) まず，$n_0$ に対して成り立つことを証明し，次に，$n$ のときに成り立てば $n-1$ のときも成り立つことを証明する．

(b) ある整数について命題が成り立つことを示し，次に，$n$ のとき成り立つと

---

[31] 訳注：$n^2 > 2n + 1$ は帰納法を用いないで次のように証明してもよい．
$n \geq 5$ であるから，$n^2 - (2n+1) = (n-1)^2 - 2 \geq 14 > 0$.

仮定して，$n+1$ および $n-1$ に対しても成り立つことを示す．

(c) まず $n=1$ のとき成り立つことを示す．次に，ある奇数 $n$ に対して成り立つと仮定するとき，$n+2$ に対しても成り立つことを示す．

**問 12.8** 誤りは最後の部分で，この 1 頭も他の馬同様に，褐色であるという部分で起こる．2 回目に作った $n$ 頭の群れの中に，他の馬がいることがどうしてわかるのか．$n$ が 2 以上ならばこの議論は正しいが，$n=1$ のときは $n+1=2$ で，後から作った $n$ 頭の群れは，はじめに除いておいた 1 頭だけからなり，他の馬を含まない．よって，この議論を適用するためには，はじめに $n=1$ のときだけでなく，$n=2$ の場合を証明しなければならないが，もちろんそれは不可能である[32]．

## 第 13 章

**問 13.1** (a) 「$x$ が $x^3+3x^2-9x-27 \geq 0$ を満たす実数ならば，$x \leq -3$ または $x \geq 3$ である．」

(b) **〔証明の考え方〕** 部分否定法により，$x^3+3x^2-9x-27 \geq 0$ および $x > -3$ と仮定し，$x \geq 3$ であることを示す．ここで，命題の仮定として与えられる不等式の左辺は $x^3+3x^2-9x-27=(x-3)(x+3)^2$ と式変形されるので，仮定の条件を表す不等式は

$$(x-3)(x+3)^2 \geq 0$$

となる．ここで，部分否定法による追加の仮定より $x > -3$ であるから，$x+3>0$ となり，よって $(x+3)^2>0$ であるから，$x-3 \geq 0$ すなわち，$x \geq 3$ が示された．

**〔証明〕** $x^3+3x^2-9x-27 \geq 0$ および $x > -3$ と仮定すると，

$$(x-3)(x+3)^2 \geq 0,\ (x+3)^2 > 0$$

となる．よって，$x-3 \geq 0$，すなわち $x \geq 3$ が示された．□

**問 13.2** **〔証明の考え方〕** 部分否定法により，$x^3+3x^2-9x-27 \geq 0$ および $x<3$ と仮定し，$x \leq -3$ であることを示す．証明されるべき命題の仮定は

$$(x-3)(x+3)^2 \geq 0$$

であり，追加の仮定 $x-3<0$ より $(x+3)^2 \leq 0$ となることが必要である．しかし，この実数の 2 乗の値が非正値をとれる場合は $x=-3$ に限られるが，これは $x \leq -3$ を満たす．

**〔証明〕** もう一つの場合を部分否定法により証明するには，問 13.1(b) の証明における追加の仮定を $x<3$ とすること以外は同様であるので，ここでの証明は省略する．

[32] 訳注：この問題の解答にすっきりしない読者もいるかもしれないが，どうすればすっきりするかを読者自身が考えることに意味があると思われるので，あえてそのまま訳した．

## 第14章

**問 14.1** (a) すべての要素 $s \in S$ に対して $s \leq z$ となる.
(b) 要素 $s \in S$ で $s \geq z$ となるものが存在する.

**問 14.2** (a) $ax \leq b, x \geq 0$ を満たす $x$ で，$cx \leq u$ となるものが存在する.
(b) $ax \leq b, x \geq 0$ を満たす $x$ で，$cx \geq u$ となるものが存在する.
(c) $b \leq x \leq c$ であるすべての $x$ に対して，$ax \geq u$ となる.
(d) $b \leq x \leq c$ であるすべての $x$ に対して，$ax \leq u$ となる.

**問 14.3** **〔証明の考え方〕** 最大最小の証明法を用い，結論をこれと同値で量化詞を含んだ形に書き換えると，

$B$：すべての要素 $s \in S$ に対して $s \geq t^*$

となる.「すべての」という量化詞が後退過程に現れたので，抽出法を用いる. 要素 $s' \in S$ とし，これに対し

$B1$：$s' \geq t^*$

を証明するのであるが，特殊化を用いた前向きの推論により結論が得られる. 実際，$S \subseteq T$ であるから，

$A1$：すべての要素 $s \in S$ に対して，$s \in T$ となる

という主張において $s = s'(\in S)$ の場合に特殊化すると $s' \in T$ となる.
また，仮定には

$A2$：すべての $t \in T$ に対して $t \geq t^*$

という主張があり，これについて，$t = s'$（$\in T$ がいえている）という特殊化を施すと，$s' \geq t^*$ となり，証明が完了する.
**〔証明〕** $s' \in S$ として，$s' \geq t^*$ を示せばよい. 仮定により $S \subseteq T$ であるので，$s' \in T$ である. よって，再び仮定を用いて $s' \geq t^*$ となることが示された. □

**問 14.4** **〔証明の考え方〕** 最大最小の証明法を用いて，結論をこれと同値で量化詞を含んだ形に書き換えると，

$B1$：$ax \geq b, x \geq 0$ となるすべての $x$ と，$ua \leq c, u \geq 0$ となるすべての $u$ に対して，$cx \geq ub$

となる. 量化詞「すべての」が後退過程に現われたので，抽出法を用いる. $x'$ は $ax' \geq b, x' \geq 0$ を満たし，$u'$ は $u'a \leq c, u' \geq 0$ を満たすとし，これに対して，$cx' \geq u'b$ を示すために，$cx' \geq u'ax'$ と $u'ax' \geq u'b$ を示そう. 実際，不等式 $u'a \leq c$ の両辺に $x'$ をかけると，$x' \geq 0$ であるから，$cx' \geq u'ax'$ を得る. 同様に，$ax' \geq b$ の両辺に $u'(\geq 0)$ をかけると，$u'ax' \geq u'b$ となり，

証明は完了する．

〔証明〕$x'$ は $ax' \geq b$, $x' \geq 0$ を満たし，$u'$ は $u'a \leq c$, $u' \geq 0$ を満たすとする．これらから，$cx' \geq u'ax'$ と $u'ax' \geq u'b$ が得られる．よって，$cx' \geq u'ax' \geq u'b$ となり，証明は完了する．□

## 第15章

**問15.1** (a) 対偶法または背理法．理由：結論が「…でない」と表されている．

(b) 帰納法．理由：結論が「ある整数（この場合は4）以上のすべての整数に対してあることが成り立つ」と表されている．

(c) 前進後退法．理由：結論は特殊な形で表されていない．

(d) 最大最小の証明法．理由：結論が「最大値は…以下」と表されている．

(e) 一意性の証明法．理由：結論が「ただ一つ存在する」と表されている．

(f) 対偶法または背理法．理由：結論が「…でない」と表されている．

(g) 前進後退法．理由：結論は特殊な形で表されていない．

(h) 抽出法．理由：結論に含まれる最初の量化詞が「すべての」と表されている．

**問15.2** (a) 帰納法

(1) 仮定すること：まず，$4! > 4^2$ を示す．$n \geq 4$ の任意の $n$ に対して，$n! > n^2$ が成り立つ．

(2) 導き出したいこと：$(n+1)! > (n+1)^2$

(b) 抽出法

(1) 仮定すること：$n'$ は $n' \geq 4$ である整数とする．

(2) 導き出したいこと：$n'! > (n')^2$

(c) 前進後退法（ヒントにより，この命題は「$n$ が $n \geq 4$ である整数ならば，$n! > n^2$ である」という命題と同値である）

(1) 仮定すること：$n$ は $n \geq 4$ である整数とする．

(2) 導き出したいこと：$n! > n^2$

(d) 背理法

(1) 仮定すること：$n \geq 4$, $n! \leq n^2$ となる整数 $n$ が存在する．

(2) 導き出したいこと： 矛盾

# 数学記号表

| 記号 | 意味 | ページ |
|---|---|---|
| $\Longrightarrow$ | ならば | 4 |
| $\square$ | 証明終わり | 15 |
| $\wedge$ | かつ | 24 |
| $\vee$ | または | 24 |
| $\Longleftrightarrow$ | 同値 | 25 |
| NOT | 否定 | 32 |
| $\exists$ | 存在する | 39 |
| s.t. | …となるような | 39 |
| $\in$ | （集合に）属する | 45 |
| $\varnothing$ | 空集合 | 46 |
| $\subset$ $(\subseteq)$ | 部分集合 | 47 |
| $\forall$ | すべての，任意の | 47 |

# 参考文献


[1] Bittinger, Marvin L. *Logic, Proof, and Sets*, 2nd ed. Reading, MA: Addison-Wesley, 1970.

[2] Cupillari, Antonella. *The Nuts and Bolts of Proofs*, 3rd ed. Burlington, MA: Elsevier Academic Press, 2005.

[3] Daepp, Ulrich and Gorkin, Pamela. *Reading, Writing, and Proving: A Closer Look at Mathematics.* New York: Springer-Verlag, 2003.

[4] D'Angelo, John P. and West, Douglas B. *Mathematical Thinking: Problem-Solving and Proofs*, 2nd ed. Englewood Cliffs: Prentice-Hall, 2000.

[5] Gerstein, Larry J. *Introduction to Mathematical Structures and Proofs.* New York: Springer-Verlag, 1996.

[6] Gibilisco, Stan. *Math Proofs Demystified.* New York: McGraw-Hill, 2005.

[7] Granier, Roman and Taylor, John. *100% Mathematical Proof.* New York: John Wiley, 1996.

[8] Polya, George. *How to Solve It*, 2nd ed. Garden City: Doubleday, 1957.
【邦訳】柿内賢信 訳,『いかにして問題をとくか』, 丸善, 1975.

[9] Polya, George. *Mathematical Discovery*, combined ed. New York: John Wiley, 1981.
【邦訳】柴垣和三・金山靖夫 訳,『数学の問題の発見的解き方 1, 2』, 新装版, みすず書房, 2023.

[10] Schwartz, Diane D. *Conjecture & Proof: An Introduction to Mathematical Thinking.* Fort Worth: Harcourt Brace & Company, 1997.

[11] Solow, Daniel. *The Keys to Advanced Mathematics.* Cleveland: Books Unlimited, 1995.

[12] Sundstrom, Ted. *Mathematical Reasoning: Writing and Proof.* Englewood Cliffs: Prentice Hall, 2003.

[13] Velleman, Daniel J. *How to Prove It: A Structured Approach.* Cambridge, UK: Cambridge University Press, 1994.
【邦訳】神林 靖 訳,『その理屈, 証明できますか?——正しく命題にたどり着くための手法と思考の学び方』, 翔泳社, 2016.

[14] Wickelgren, Wayne A. *How to Solve Problems.* San Francisco: W. H. Freeman, 1974.
【邦訳】矢野健太郎 訳,『問題をどう解くか——問題解決の理論』, ちくま学芸文庫, 筑摩書房, 2014.

# 訳者あとがき

証明は数学を支える土台であり，それを築くのは論理的思考であると喩えるならば，論理的思考は数学の必須不可欠な要素であるといえよう．証明の問題に取り組むことは，論理的思考を培ううえでよい機会となろうが，実際にそれを目の当たりにして，どこからどのように着手すればよいかがわからずに，悩んだことも少なからずあるのではないだろうか．本書は，数学の本に書かれている証明を読んで理解し，自分で証明問題を解くための手がかりを与えることを目標として，著者が論理的に整理した思考方法と証明技法を解説したものである．

本書は，原著 Solow, Daniel. *How to Read and Do Proofs: An Introduction to Mathematical Thought Processes*, 6th Edition, John Wiley & Sons, 2014 の訳本『証明の読み方・考え方－数学的思考過程への手引き〔原著第 6 版〕』として出版のはこびとなったが，そこに至る経緯に少し触れたいと思う．読者の中には，原著初版訳書（書名は本書と同一）が 4 名（安藤四郎，西村康一，島孝司，川村昌雄）の共訳により 1985 年に共立出版より刊行されていたことをご存じの方もいらっしゃるのではないかと思う．今から約 40 年を遡っての出版であったことから，初版訳本は長らく絶版状況にあった．諸般の事情により，初版訳出に関わった一人である西村宛に，共立出版より初版訳本の復刊の打診が近年なされたが，その時点で原著は第 6 版まで改訂を重ねてきていることが判明した．そこで，今回は原著第 6 版訳出に 2 名（西村・服部）が新たに取り掛かることとなった．

次いで，この原著第 6 版の翻訳に際しては，全訳ではなく抄訳となったが，その背景に少し触れてみたい．原著初版（全 188 ページ），同訳本（全 182 ページ）は，読み進めやすく，内容が理解しやすいように整理されたコンパクトな本であった．また，章末の練習問題のすべてに対して，巻末解答が与えられていた．他方，原著第 6 版（全 334 ページ）は，度重なる改訂により内容が拡充され，初版にはない部分も新たに追加されている．そこで，復刊に求められているところは，初版訳本のように整理された証明技法がコンパクトにまとめられている訳本の刊行にあると思われることから，論議を経て，原著第 6 版の翻訳は，初版訳本を参照基準としながら，原著第 6 版における初版の内容に該当する部分（後述する）を中心とした抄訳とすることになった．

ここで，原著第 6 版の抄訳部分と原著初版と第 6 版の内容的な比較対照について，下記のとおり列挙したいと思う：

- 原著第6版は全体が2部 (Part I, II) から構成されている．このうちのPart Iが，原著初版の本文全12章にほぼ該当することが認められる．このPart Iは全15章からなり，新規に1章が追加され，初版の1章（第11章）は独立した3章に分割されている．なお，最終章である第15章「まとめ」の末尾部分においても，“証明の考え方”に基づく分析方法（「証明の読み方」と「証明の書き方」）による記述があるが，「まとめ」章構成の簡潔性の観点から，この末尾部分は割愛した（この点については，次の付録についての記述項目も参照されたい）．また，Part IIは原著初版には含まれていない発展的内容を扱っていることから，このPart II全体は今回の翻訳対象から割愛した．
- 原著第6版の付録は4章 (Appendix A〜D) からなるが，原著初版の付録は2章に止まっている．原著第6版付録の目的は，数学のいくつかの分野からの証明例を，本書で繰り返し展開されている“証明の考え方”に基づく分析方法による解説例として提示することにあるといえる．実際，本書付録においても，割愛された第15章末尾部分と同様に，さまざまな証明技法を適切に用いる証明例が提示されている．この抄訳では，原著初版の付録2章の内容に近いと思われるAppendix A（付録I）とAppendix D（付録II）の2章を選択し訳出した．
- 原著第6版の章末の演習問題数は，初版のそれに比して全般的に大幅に増補されている．また，章末練習問題の解答の一部がウェブサイトにアップロードされてはいるが，原著には解答が与えられていない．そのため本書では，今回の訳出対象としている章末の練習問題のうち，原著初版に掲載されている練習問題に限定して掲載した．したがって，これらの練習問題の解答は原著初版訳の解答を参照しながら，必要に応じて解答を見直し，再度作成した．

以上のように，原著初版に比した原著第6版の全体的な分量の増加状況は，ページ数での単純比較では約1.8倍であり，ページ当たりのワード数の多寡も考慮すると，少なくとも2倍程度にはなるかと思われる．今回の翻訳は，初版訳本の復刊可能性の模索に端を発した経緯と全体としての訳出分量の大幅な増加状況に対処する必要性から抄訳本となったが，この抄訳作業を丁寧に進めていくことには，十分な配慮をしたつもりである．

翻訳の進捗状況に応じて訳出原稿を読んでいただき，全般的チェックと的確かつ有益なコメントをいただきました石澤麻麗子氏，西郷達彦氏，佐藤直人氏，曽布川拓也氏，山田裕史氏（五十音順）に感謝します．また，用語に関する質問にていねいに答えてくださった鈴木登志雄氏に感謝します．

最後となりますが，編集制作においてお世話になりました共立出版編集部の大谷早紀氏，同営業部の稲沢会氏に感謝します.

2023 年 11 月

西村康一，服部久美子

# 索　引

## 訳者紹介


西村 康一（にしむら こういち）

ケース・ウェスタン・リザーブ大学（CWRU）OR 学科博士課程修了（Ph.D.）
専攻分野はオペレーションズ・リサーチ（Operations Research）
現在，亜細亜大学名誉教授
訳書に，『証明の読み方・考え方—数学的思考過程への手引』〔原著第1版〕（共訳，共立出版，1985）など．

服部 久美子（はっとり くみこ）

東京大学より理学博士号取得
専門は確率論およびフラクタル
現在，東京都立大学名誉教授
著書に『数学のための英語教本—読むことから始めよう』（原田なをみ・David Croydon 監修，共立出版，2020）．
訳書に，『フラクタル幾何学』（Kenneth Falconer 著，村井浄信との共訳，共立出版，2006），
『フラクタル』（ケネス・ファルコナー著，岩波書店，2020）．



**証明の読み方・考え方**
**数学的思考過程への手引き**
**〔原著第 6 版〕**

**原題**：*How to Read and Do Proofs An Introduction to Mathematical Thought Processes, 6th Edition*

2023 年 11 月 25 日　初版 1 刷発行
2024 年 1 月 10 日　初版 2 刷発行

検印廃止
NDC 410.7
ISBN 978-4-320-11498-2

著　者　Daniel Solow（ダニエル・ソロー）

訳　者　西村康一　服部久美子　© 2023

発行者　南條光章

発行所　**共立出版株式会社**
〒 112-0006 東京都文京区小日向 4-6-19
電話　03-3947-2511（代表）
振替口座 00110-2-57035
www.kyoritsu-pub.co.jp

印　刷　啓文堂

製　本　ブロケード

一般社団法人
自然科学書協会
会員

Printed in Japan